U0131940

中等职业教育"十一五"规划教材

中职中专计算机类教材系列

Flash CS3 动画设计与实训

史少飞　陈顺新　主编

科学出版社

北　京

内 容 简 介

　　本书按照任务驱动的教学模式进行编写，系统地介绍了 Flash CS3 常用功能的使用方法。全书共有八个项目，每个项目含有若干个任务，每个任务的编写顺序是：先讲解一个相关例题的制作步骤，再讲解本任务的相关知识，最后讲解几个相关的例题，进一步加深所学的知识。

　　本书充分考虑到学生的认知特点，选择适当的例题进行讲解，并精简了难度较大的 ActionScript 编程，只介绍了其中几条常用命令。本书语言描述通俗简洁，内容安排尽量独立，操作步骤介绍详细。即使前面所学的部分知识不扎实，读者也可以按照操作步骤制作后面的动画，不会影响此部分知识的学习效果。

　　本书可作为中等职业教育或成人教育的教学用书，也可供电脑爱好者自学之用。

图书在版编目（CIP）数据

Flash CS3 动画设计与实训/史少飞, 陈顺新主编. —北京：科学出版社，2009

（中等职业教育"十一五"规划教材·中职中专计算机类教材系列）

ISBN 978-7-03-024443-7

Ⅰ. F… Ⅱ. ①史…②陈… Ⅲ. 动画-设计-图形软件，Flash CS3-专业学校-教材 Ⅳ. TP391.41

中国版本图书馆 CIP 数据核字（2009）第 059988 号

责任编辑：陈砺川　文　戈 / 责任校对：赵　燕
责任印制：吕春珉 / 封面设计：耕者设计工作室

科 学 出 版 社 出版
北京东黄城根北街 16 号
邮政编码：100717
http://www.sciencep.com

新 蕾 印 刷 厂 印刷
科学出版社发行　　各地新华书店经销

＊

2009 年 5 月第 一 版　　开本：787×1092　1/16
2009 年 5 月第一次印刷　　印张：13 3/4
印数：1—3 000　　字数：303 000
定价：21.00 元
（如有印装质量问题，我社负责调换〈新蕾〉）

销售部电话 010-62134988　编辑部电话 010-62135763-8020

前　言

　　Flash 是一款专用于制作动画的优秀软件。它所生成的动画文件具有体积小、制作简单、动画效果好、交互功能强等特点，能够满足网络高速传输的需要，是目前互联网中应用最广泛的动画。许多网页上都含有 Flash 动画，甚至整个网页全部用 Flash 制作。Flash 采用插件技术，只要在浏览器中安装了 Flash 插件就可以观看网络中的 Flash 动画，看到的动画效果也完全相同，许多浏览器中也提供 Flash 插件。

　　Flash 具有较强的交互功能，它广泛应用于多媒体课件和游戏中。使用 Flash 可以完全替代 PowerPoint 制作幻灯片，Flash 动画可以导入到多媒体制作课件中，增强课件的效果。Flash 动画游戏是最近几年一个新的发展方向，网络上流行的许多 Flash 小游戏深受广大游戏爱好者喜爱。

　　Flash 是美国 Macromedia 公司所设计的一款二维动画软件，2005 年，Macromedia 公司被 Adobe 公司并购，Flash 从此成为 Adobe 公司的一个产品。Flash CS3 是目前最流行的版本。

　　本书系统而全面地介绍了 Flash CS3 的使用方法，在内容安排上采用当前提倡的任务驱动方式，将 Flash 的知识分为八个大的项目，每一个项目包含若干个任务。每一个任务先介绍一个例题的制作步骤，提出学习任务，然后讲解本部分的相关知识，再针对该知识点举两个例题，进一步巩固所学的知识；形成了由浅入深、循序渐进的学习过程。本书最后综合应用所学过的知识，设计了几个综合 Flash 动画。每一项目均配有翔实的插图说明和经典例题，帮助读者快速掌握动画制作技巧。

　　本书共有八个项目。项目一介绍 Flash CS3 的基本知识，包括基本概念、各种操作命令、工作面板和 Flash CS3 的新增功能等。项目二介绍图形的绘制、修饰和修改。项目三介绍复杂图形的制作和图层的概念。项目四介绍了简单动画的实现和应用技巧。项目五介绍引导层和遮罩层的概念和应用；项目六介绍元件与实例的概念和应用。项目七介绍 ActionScript 的简单应用。项目八讲解了四个综合应用前面所学知识的动画的制作步骤。

　　本书的几位作者都具有多年一线教学经验，熟悉学生的认知能力，能够恰当地掌握各部分知识的深度和难度。本书语言叙述朴素严谨，简单明了。

　　本书项目一由史少飞编写，项目二由瓮建新与杜立江编写，项目三由刘洋编写，项目四由陈民与李春梅编写，项目五由茅群丹编写，项目六由邵燕燕编写，项目七由杨志强编写，项目八由陈顺新编写。全书由史少飞统稿。

　　由于作者的水平有限，书中难免有疏漏之处，恳请广大读者批评指正。

编　者

2009 年 2 月

目　　录

项目一　Flash 概述 ··· 1

  任务一　了解 Flash ··· 2

    知识 1　Flash 发展史 ··· 2

    知识 2　Flash 动画的特点 ··· 2

  任务二　熟悉 Flash CS3 的工作界面 ··· 3

    知识 1　Flash CS3 的启动界面 ·· 3

    知识 2　Flash CS3 的界面介绍 ·· 4

    知识 3　面板的使用 ·· 5

    知识 4　网格、标尺和辅助线 ·· 7

项目二　绘图工具 ··· 9

  任务一　绘制画布 ·· 10

    知识 1　Flash 绘图工具 ··· 12

    知识 2　线条工具 ·· 13

    知识 3　选择工具 ·· 16

    知识 4　套索工具 ·· 17

    知识 5　手形工具 ·· 18

    知识 6　缩放工具 ·· 18

    知识 7　橡皮擦工具 ··· 18

  任务二　绘制国旗 ·· 19

    知识 1　矩形工具 ·· 20

    知识 2　椭圆工具 ·· 22

    知识 3　基本矩形工具 ·· 23

    知识 4　基本椭圆工具 ·· 23

    知识 5　多角形工具 ··· 23

  任务三　绘制金字塔 ·· 23

    知识 1　钢笔工具 ·· 25

    知识 2　添加锚点工具 ·· 26

    知识 3　删除锚点工具 ·· 26

    知识 4　转换锚点工具 ·· 26

  任务四　绘制荷塘月色 ··· 27

    知识 1　铅笔工具 ·· 29

    知识 2　刷子工具 ·· 30

    知识 3　任意变形工具 ·· 30

    知识 4　墨水瓶工具 ··· 32

知识 5　颜料桶工具 ··· 32

知识 6　吸管工具 ·· 32

任务五　绘制曲线 ·· 32

知识 1　选择工具 ·· 33

知识 2　部分选取工具 ·· 34

任务六　绘制立体彩球 ·· 35

知识 1　颜色的设置 ·· 36

知识 2　渐变变形工具 ·· 40

任务七　空心字 ·· 42

知识 1　输入文本 ·· 42

知识 2　设置文本的属性 ··· 43

知识 3　打散文本 ·· 44

作业 ·· 44

项目三　制作复杂图形 ·· 46

任务一　清明上河图 ·· 47

知识 1　图像的格式 ·· 50

知识 2　图像的导入 ·· 50

知识 3　将位图转换成矢量图 ··· 52

知识 4　处理导入的图像 ··· 53

任务二　放射状图形 ·· 56

知识 1　组合图形 ·· 57

知识 2　旋转与变形 ·· 58

知识 3　排列对象 ·· 60

知识 4　对象的叠放顺序 ··· 65

任务三　制作铜钱 ·· 66

知识 1　修改形状 ·· 67

知识 2　切割形状 ·· 67

知识 3　融合形状 ·· 67

任务四　制作按钮 ·· 68

知识 1　图层的概念 ·· 69

知识 2　编辑图层 ·· 70

知识 3　图层的状态 ·· 71

知识 4　图层文件夹 ·· 73

作业 ·· 74

项目四　简单 Flash 动画 ·· 76

任务一　跳动的精灵 ·· 77

知识 1　动画原理 ·· 81

知识 2　时间轴面板简介 ··· 82

知识 3 Flash 帧的类型 ·········· 82

知识 4 帧显示模式 ·········· 83

知识 5 导入动画 ·········· 84

练习 1 写字 ·········· 85

练习 2 键盘打字效果 ·········· 87

任务二 滚动的小球 ·········· 89

知识 1 补间动画的制作步骤 ·········· 91

知识 2 图形旋转 ·········· 92

知识 3 缓动 ·········· 93

知识 4 缩放 ·········· 94

练习 1 飞翔 ·········· 95

练习 2 放气球 ·········· 96

任务三 善变的面孔 ·········· 98

知识 1 补间形状 ·········· 100

知识 2 形状提示点的使用 ·········· 100

练习 1 古诗变换效果 ·········· 101

练习 2 定点形状渐变效果 ·········· 102

作业 ·········· 103

项目五 引导图层与遮罩图层 ·········· 104

任务一 探照灯 ·········· 105

知识 1 遮罩层的概念 ·········· 108

知识 2 创建和取消遮罩层 ·········· 109

练习 1 百叶窗 ·········· 109

练习 2 放大镜 ·········· 112

任务二 飞行的飞机 ·········· 114

知识 1 引导层的概念 ·········· 115

知识 2 其他图层与引导层建立连接 ·········· 116

知识 3 取消与引导层的连接 ·········· 116

练习 1 回家路上 ·········· 116

练习 2 蝴蝶飞舞 ·········· 118

作业 ·········· 119

项目六 元件和实例 ·········· 121

任务一 生日蜡烛 ·········· 122

知识 1 元件 ·········· 125

知识 2 实例 ·········· 125

知识 3 库面板操作 ·········· 126

练习 1 风车 ·········· 128

练习 2 聚光灯下的文字 ·········· 132

任务二　生日快乐 ·· 135
　　知识 1　影片剪辑元件 ·· 137
　　知识 2　建立影片剪辑元件 ··· 137
　　知识 3　影片剪辑元件与图形元件的相互转换 ······························ 137
　　知识 4　转换实例的类型 ·· 138
　　知识 5　图形类型播放方式 ··· 138
　　知识 6　影片剪辑与图形元件的区别 ·· 138
　　练习 1　放气球 ·· 138
　　练习 2　旋转的方格 ·· 141
任务三　圆型动态按钮 ·· 143
　　知识 1　按钮元件 ·· 146
　　知识 2　按钮与图形和影片剪辑的互换 ··· 147
　　练习 1　跳动的按钮 ·· 147
　　练习 2　笑脸按钮 ·· 152
作业 ·· 154
项目七　ActionScript 简介 ·· 156
任务一　停止播放动画 ·· 157
　　知识 1　帧动作脚本 ·· 158
　　知识 2　ActionScript 版本简介 ··· 158
任务二　播放和停止按钮 ··· 159
　　知识 1　按钮动作脚本 ·· 161
　　知识 2　对象 ·· 161
　　知识 3　命令 ·· 161
　　知识 4　事件 ·· 162
任务三　对象的常用属性介绍 ··· 162
　　知识 1　设置对象属性的格式 ·· 166
　　知识 2　影片剪辑的常用属性 ·· 166
任务四　跟随鼠标移动的五彩花瓣 ·· 167
　　知识 1　对象的方法 ·· 169
　　知识 2　startDrag ·· 169
　　知识 3　duplicateMovieClip ·· 170
　　知识 4　getProperty ·· 170
　　知识 5　setProperty ·· 170
　　知识 6　if…else 条件语句 ··· 171
任务五　电子表 ··· 171
　　知识 1　Date（时间）对象 ·· 173
　　知识 2　onClipEvent（enterFrame） ·· 173
　　知识 3　计算时、分、秒指针随时间变化转过的角度 ························· 174

　　　　知识4　String 函数 ··· 174
项目八　综合动画制作 ··· 175
　任务一　功到自然成 ··· 176
　任务二　原来如此 ··· 182
　任务三　Love 卡 ··· 186
　任务四　嫦娥奔月 ··· 193
　　　　知识1　场景 ··· 193
　　　　知识2　场景面板 ··· 193
　　　　知识3　新建场景 ··· 194
　　　　知识4　删除场景 ··· 194
　　　　知识5　编辑场景 ··· 195
参考文献 ··· 205

Flash 概述

知识目标

- ◆ 了解 Flash 的发展史和特点
- ◆ 熟悉 Flash 的启动界面和工作界面

技能目标

- ◆ 熟练使用各种面板，包括打开、关闭、折叠和移动面板
- ◆ 设置工作区的网格、标尺和辅助线
- ◆ 设置文档的各种属性，包括舞台大小、背景颜色、播放速度和文档的说明等

任务一　了解Flash

 相关知识

知识 1　Flash 发展史

1996 年，一家名为 FuturWave Software 的软件公司推出了一款制作矢量动画的软件，名为 FutureSplash Animator。后来，美国的 Macromedia 软件公司收购了这家公司，这款动画软件被更名为 Flash，这家公司成为 Macromedia 公司的 Flash 开发部。Macromedia 公司是美国著名的软件公司，主要生产多媒体、网页制作和网站管理等软件产品，如大家熟悉的 Authorware、Director、Freehand、Dreamweaver、FireWorks 等。

Macromedia 公司自推出 Flash 以来，产品经历了 Flash 2、Flash 3、Flash 4、Flash 5、Flash MX、Flash MX 2004、Flash 8 等几个版本。

在 2005 年，Macromedia 公司又被著名的图形软件开发商 Adobe 公司收购，Adobe 以静态电脑平面设计见长，其最著名的产品之一为 Photoshop。Adobe 公司的软件产品版本号为 CS 系列，因此 Flash 8 后的版本号为 Flash CS3，而不是 Flash 9。本书以目前最流行的版本 Flash CS3 为例，详细讲解 Flash 动画的制作及相关知识。

知识 2　Flash 动画的特点

1. 体积小

Flash 使用了插件技术，大大缩小了 Flash 动画文件的尺寸。它可以用很小的字节量实现高质量的矢量图形和交互式动画。用 Flash 制作的几十秒钟的动画，只生成几千字节大小的文件。

2. 兼容性

以前的动画对浏览器的依赖性很大，同一个动画在不同版本的浏览器中播放效果不一定相同。而 Flash 动画是依靠其特有的"Flash Player"进行播放的，"Flash Player"仅有几百 KB 大小，可以嵌入不同种类的浏览器中。Flash 动画文件由 Flash Player 进行播放，摆脱了对浏览器的依赖，不论在何种版本的浏览器中，所看到的效果均是一样的。

3. Stream（流式）动画

Flash 动画采用了现在网上非常流行的流技术。由于网络带宽的限制，在因特网上观看一个长的动画时，往往需要较长的下载时间，观众会因为长时间等待而失去兴趣。而使用流技术不必等到影片全部下载到本地后才能观看，可以边下载边播放动画，不会有漫长的等待的感觉。

4. 使用矢量图形

我们所能看到的图形可以分成两大类：位图图形与矢量图形。用 Flash 制作出来的动画是矢量图形，矢量图形具有生成的文件体积小、可以任意缩放尺寸而不影响图形质量的特点。

5. 强大的交互能力

交互式是 Flash 的一个非常强大的功能，用户不只局限于单纯地欣赏动画，在观看动画时还可以控制动画的播放顺序，动画会根据用户的不同操作，跳转到动画的不同部分，人们使用此功能制作了大量的 Flash 游戏。

6. 输出多种格式的动画文件

利用 Flash 创建的动画，不仅可以生成 Flash 格式的动画，还可以输出 GIF、MOV、AVI、RM 或 Java 等许多格式的动画或影片。

Flash 是当前最优秀、应用最广泛的网页矢量动画设计软件，随着 Flash 的发展，Flash 动画得到了更广泛的应用，许多电视广告、电脑游戏的片头和片尾都是用 Flash 做成的。Flash 还可以代替 PowerPoint 制作更精巧的幻灯片。利用 Flash 可以直接输出 Windows 可执行文件的功能，可以便捷地制作出 Flash 游戏。正是有了这些优点，才使 Flash 日益成为网络多媒体的主流。

任务二　熟悉Flash CS3的工作界面

 相关知识

知识 1　Flash CS3 的启动界面

Flash CS3 启动时，打开如图 1-1 所示的启动界面。该界面分为"打开最近的项目"、"新建"、"从模板创建"、"扩展"和"帮助"等五部分。

打开最近的项目：这一部分列出了用户近期使用过的项目，用户可以通过单击项目名称，打开相应的项目。单击"打开"选项，弹出打开文件对话框，在弹出的对话框中查找想打开的项目。

新建：创建一个新的空白的项目或文档。Flash CS3 提供了 7 种项目类型，用户可以根据要求选择不同的项目。其中第一项与第二项的区别为使用的 ActionScript 的版本不同，第一项"Flash 文件（ActionScript 3.0）"提供了比前面版本功能更加强大的语言功能，但语言难度大，不适合于初学者。本书选择简单易学而功能完善的 ActionScript 2.0，因此本书中的新建文档均选择第二项"Flash 文件（ActionScript 2.0）"。

从模板中创建：Flash CS3 提供了大量模板可供用户选择，用户可以通过提供的模板创建各种不同类型的应用。

图 1-1　Flash CS3 启动面板

扩展：单击 Flash Exchange 链接，可以登录到 Adobe 的 Flash Exchange 网站。从该网站可以下载 Flash 的应用程序、Flash 扩展功能以及相关信息。

帮助：单击"快速入门"、"新增功能"、"资源"选项，将直接链接到 Adobe 的相关网站，查找相关资料。

选中"不再显示此对话框"选项，则下次启动时将不再显示启动界面。若想再次显示启动界面，可以在"首选参数"中设置启动界面。

知识 2　Flash CS3 的界面介绍

Flash CS3 的默认界面主要由以下部分组成：标题栏、菜单栏、工具栏、工具箱、图层、时间轴、舞台、工作区、面板组，如图 1-2 所示。

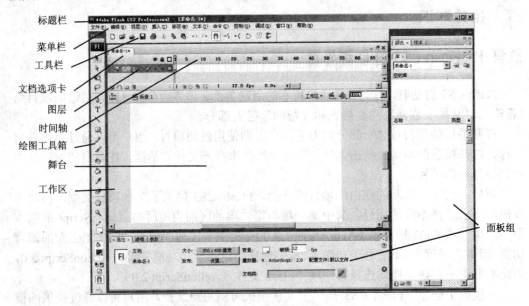

图 1-2　Flash CS3 工作界面

Flash CS3 界面是可根据使用者的习惯改变的。通过单击"窗口"→"工作区布局"→"默认"，用户可恢复 Flash 的初始界面。下面我们逐一介绍各部分的主要功能。

1. 菜单栏

Flash CS3 的菜单栏包含了 Flash CS3 的大部分功能。

2. 工具栏

Flash CS3 的工具栏按钮包括了 Flash CS3 的常用命令，它们的使用频率很高，通过这些工具按钮使用户更加方便、快捷地进行操作，可以通过菜单"窗口"→"工具栏"→"主工具栏"显示或隐藏主工具栏。

3. 绘图工具箱

绘图工具箱的作用是进行图形设计，它提供了图形绘制和修饰的各种工具。

4. 图层

与其他优秀图形图像处理软件一样，Flash 中也提供了层的功能，用户可以在一个层上随意地修改该层的图形而不影响其他层，便于动画的编辑和管理。

5. 时间轴

Flash 动画与普通电影动画放映的原理相似，将一系列相似的图画快速地逐帧显示出来，利用人眼的视觉暂留特性形成了动画。利用时间轴可以方便地对帧进行编辑，时间轴上的每一小格代表一帧，单击不同的帧则在工作区和舞台显示对应帧的画面。

6. 舞台

Flash 中的舞台就像剧院里的舞台一样，所有的 Flash 动画都在这里表现出来，用户看到的丰富多彩的 Flash 动画都是在舞台上表演出来的。

7. 工作区

工作区包括舞台及其周围的灰色区域，舞台周围灰色区域的内容在 Flash 动画播放文件中是看不到的，但可以在灰色区域中制作动画，通常用作动画的开始和结束点。

8. 面板组

各种类型和功能的工具面板是 Flash 系列软件的重要组成部分，它们可帮助用户查看、组织和更改文档中各元素的属性和特征。Flash CS3 对以前版本的工具面板管理方案进行了改进，将面板集中放在一起。默认情况下，面板以组合的形式显示在 Flash 工作区的底部和右侧。

知识 3 面板的使用

所有的面板都可以以停靠和浮动两种方式显示在程序窗口中，还可以折叠或展开。以下介绍面板的一些基本操作。

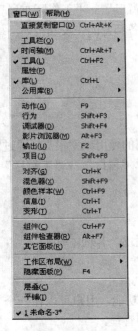

图 1-3 "窗口"菜单

（1）打开面板

Flash CS3 将面板放在了"窗口"菜单下，如图 1-3 所示。用户可以单击"窗口"下的相应选项，打开所需面板。

（2）关闭面板或面板组

为了使窗口更整洁，可以关掉不用的面板或面板组。单击标题右边的关闭按钮，如图 1-4 所示，即可关闭该面板。单击面板组右边的关闭按钮，即可关闭该面板组。

图 1-4　单击关闭按钮

（3）移动面板

可以将面板放置在舞台的任意位置上，成为一个浮动的面板。用鼠标按住面板的标题并拖动，可以看到一个面板的虚影跟随鼠标移动，如图 1-5 所示，松开鼠标面板即可放在指定的位置。

在拖动的过程中如果按 Esc 键，则取消拖动操作。可以将面板从面板组中拖出，成为一个浮动面板；也可以将浮动面板拖入到一个面板组中。如果在面板组中拖动面板，将改变面板在面板组中的顺序。

图 1-5　移动"属性"面板的过程

（4）折叠和展开面板

如果面板处于展开状态，在该面板的标题栏上单击鼠标，则面板收缩，只剩标题栏；反之，单击处于收缩状态的面板标题栏，则面板展开。如图 1-6 所示，"动作"面板处于折叠状态，"属性"面板处于展开状态。

图 1-6　展开"属性"面板

知识 4　网格、标尺和辅助线

为了使对象定位准确，可以给舞台加上标尺和网格，标尺和网格只在制作动画期间起辅助定位作用，在动画播放时不会显示，图 1-7 所示为显示了标尺和网格的舞台。

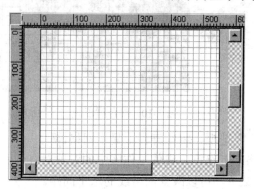

图 1-7　显示了标尺和网格的舞台

1. 标尺

显示或隐藏标尺可通过单击菜单中"视图"→"标尺"命令完成，该菜单项为复选项，选中菜单选项时菜单左边出现"√"，此时显示标尺；再次选择该命令，取消标尺。

2. 网格

单击菜单"视图"→"网格"命令弹出关于网格的子菜单，如图 1-8 所示。

图 1-8　"网格"子菜单

显示网格：选择此项后，舞台显示网格。

编辑网格：选择此项后，弹出"网格"对话框，如图 1-9 所示。

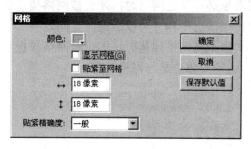

图 1-9　"网格"对话框

单击"颜色"按钮将弹出颜色样板块，如图 1-10 所示，可以选择一种颜色作为网格线的颜色。

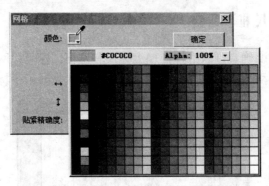

图 1-10　颜色样板块

选中"显示网格"复选框，将在舞台上显示网格。

选中"贴紧至网格"复选框，将使工作区中的对象对齐到网格上。

在 ↔ 文本框输入数值，可以改变网格线的水平间距。

在 ↕ 文本框输入数值，可以改变网格线的竖直间距。

"贴紧精确度"下拉列表框表示对象能自动被网格线捕获的距离范围。图 1-11 所示为"贴紧精确度"下拉列表，其中包括以下四个选项。

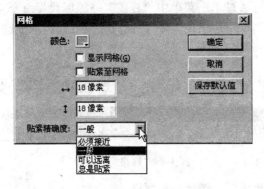

图 1-11　"贴紧精确度"下拉列表

"必须接近"：当对象必须接近网格时，才会被网格捕捉到。

"一般"：介于"必须接近"和"可以远离"之间。

"可以远离"：当对象距离网格较远时，即可被网格捕捉到。

"总是贴紧"：舞台上的对象总是与网格对齐。

项目二

绘 图 工 具

知识目标

- ◆ 熟悉 Flash 的绘图面板
- ◆ 熟练设置线段的属性
- ◆ 熟练选择单个、多个对象，取消对象的选择
- ◆ 熟练绘制矩形、椭圆和多角形，设置它们的属性
    熟练使用钢笔工具绘制各种曲线，添加和删除锚点
- ◆ 熟练使用铅笔工具绘制图形，使用任意变形工具更改图形的形状
- ◆ 熟练设置对象的颜色

技能目标

- ◆ 使用 Flash 提供的绘图工具，绘制画布、国旗、金字塔、荷塘月色、立体彩球、空心字等

任务一　绘制画布

绘制如图 2-1 所示的画布，操作步骤如下。

1）单击菜单"文件"→"新建"命令或按快捷键 Ctrl+N 新建一个 Flash 文档。

2）单击菜单"修改"→"文档"命令，打开"文档属性"对话框。设置文档大小为 320 像素×140 像素，背景色为"#FFCC33"，如图 2-2 所示。

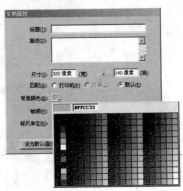

图 2-1　画布　　　　　　　　　　　　　　　　图 2-2　文档属性

3）单击舞台左面绘图工具箱中的线条工具，如图 2-3 所示。

4）单击绘图工具箱下方颜色区中"笔触颜色"按钮，弹出一个颜色面板，在颜色面板中选择绿色，如图 2-4 所示。

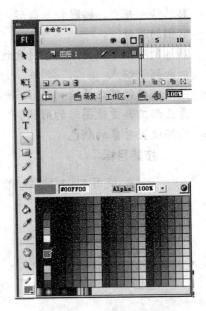

图 2-3　绘图工具箱中的线条工具　　　　　　图 2-4　笔触颜色设置

5）按下 Shift 键，按住鼠标左键在舞台上水平拖动，绘制一条水平短线。松开鼠标左键，再按下鼠标左键并向上拖动，绘制一条垂直短线，如图 2-5 所示。

6）以此类推，鼠标依次向左、向下、向右、向上移动画直线，新绘制的直线的长度要超过上一个对应的直线。再循环绘制一遍，最后形成如图 2-6 所示的图案。

图 2-5 绘制水平和垂直短线　　　　　　图 2-6 图案

7）单击绘图工具箱中的"选择工具"，如图 2-7 所示。在图案左上角的外面单击并向右下拖动，选中所绘制的图形，在"属性"面板上设置宽为 20，高为 12，如图 2-8 所示。

图 2-7 选取工具　　　　　　图 2-8 设置图案的宽和高

8）单击菜单"编辑"→"复制"命令。再单击菜单"编辑"→"粘贴到当前位置"命令，复制生成一个新图形，但由于两个图形重叠，只能看到一个图形。按键盘上的向右光标键，移动刚复制的图形，得到如图 2-9 所示的图形。

9）单击菜单"修改"→"变形"→"垂直翻转"命令，得到如图 2-10 所示的图形。

10）单击菜单"修改"→"变形"→"水平翻转"命令，得到如图 2-11 所示的图形。

图 2-9 复制后的图形　　　图 2-10 垂直翻转后的图形　　　图 2-11 水平翻转后的图形

11）选中所有图形，按快捷键 Ctrl+G，将其组合。

12）使用复制和粘贴方法，复制出 8 个相同的图形。拖动鼠标选中这 8 个图形，如图 2-12 所示。

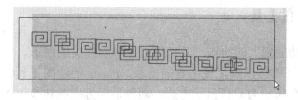

图 2-12 选中所有图形

13）单击菜单"修改"→"对齐"→"相对舞台分布"命令，保证该选项为"选中"状态。单击菜单"修改"→"对齐"→"顶对齐"和菜单"修改"→"对齐"→"按宽度均匀分布"命令,制作出如图 2-13 所示的图案。

图 2-13　上半部分图案

14) 选中上面 8 个图形,按下 Alt 键,按下鼠标左键并拖曳鼠标,复制一份相同的图形。单击菜单"修改"→"对齐"→"底对齐"命令,形成最终图案。

15) 单击菜单"文件"→"保存"命令,弹出"另存为"对话框,在文件名框中输入"画布.fla",如图 2-14 所示,单击"保存"按钮。

图 2-14　第一次保存文件时,弹出"另存为"对话框

 相关知识

知识 1　Flash 绘图工具

Flash 有一个功能强大的绘图工具,可以绘制出完美的图形。它使用灵活,简单易用,在大多数情况下都可以满足使用者的需求。Flash 的绘图工具箱分单排和双排两种显示方式,图 2-15 所示为双排显示方式,两种显示方式的转换可以通过单击工具箱上面的 [▶▶] 或 [◀◀] 图标实现。

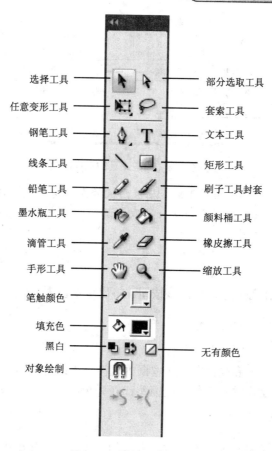

图 2-15　绘图工具箱

知识 2　线条工具

线条工具就是用来绘制直线的工具，单击线条工具，在工作区中单击并拖动鼠标，即可画出一条直线。如果按住 Shift 键，就只能画出水平、垂直和 45 度倾斜角的直线。

在属性面板上可以设定线条笔触的样式、笔触的高度（即线条的宽度）和笔触的颜色。图 2-16 所示为直线工具的属性面板。如果窗口中没有显示属性面板，则单击菜单"窗口"→"属性"→"属性"命令，即可调出属性面板。线条工具属性面板中各个组件的含义如图 2-16 所示。

1. 线条的大小和位置

为了精确定位各类图形，Flash 使用了 XY 坐标系。将舞台的左上角定为坐标原点，水平方向为 X 轴，坐标原点向右为正，向左为负；垂直方向为 Y 轴，坐标原点向下为正，向上为负。直线左端点的水平坐标和垂直坐标值显示在 X、Y 文本框中。而"宽"文本框显示的数值为线条在 X 轴（水平）方向上的长度，"高"文本框显示的数值为线条在 Y 轴（垂直）方向上的高度。

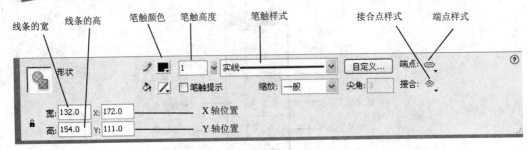

图 2-16　线条工具的属性面板

绘制线条图形时，属性面板的左下角并没有宽、高、X 和 Y 文本框。只有当用户使用"选取工具"选中线条图形时，才会出现这些文本框。

2. 线条的颜色

线条的颜色即笔触颜色。单击该按钮，将出现调色板，可以选择一种颜色作为绘图直线的颜色。

3. 线条的宽度

线条的宽度即笔触高度。在该文本框中直接输入线宽数值后回车，即可改变线条的宽度。也可以单击文本框右侧的下拉箭头，在弹出的浮动滚动条中选择线条的粗细。

4. 线条的样式

线条的样式即笔触样式。单击按钮右侧的下拉箭头，弹出可供选择的线条样式，如图 2-17 所示。

图 2-17　选择笔触样式

5. 自定义线条

单击自定义按钮将弹出"笔触样式"对话框，如图 2-18 所示，用户可以自己定义笔触的样式。

图 2-18　"笔触样式"对话框

6. 定义端点样式

在 Flash 中可以给线条的终点加端点，美化线条和实现线条间的平滑连接，端点的类型有圆角形和方形。单击端点右边的按钮，在弹出的菜单中有关于端点的三个选项，如图 2-19 所示。图 2-20 所示分别为将同一个线条不加端点、加圆角端点和加方形端点的效果图。

图 2-19　三种端点类型

图 2-20　线条的端点分别为无、圆角和方形

7. 定义接合样式

Flash 定义了三种线条相接合的方式，如图 2-21 所示。图 2-22 所示为横竖两个线条分别按尖角、圆角和斜角三种方式接合的效果图。

图 2-21　线条的三种接合方式

图 2-22　线条按尖角、圆角和斜角接合的效果图

8. 选项栏

单击"线条工具"按钮后，对应的选项栏中有两个辅助选项："对象绘制"按钮和"贴紧至对象"按钮，如图 2-23 所示。

图 2-23　线条工具的选项栏

1)"对象绘制"按钮：如果此按钮没有被按下，所绘制的图形在相互重叠时，各图形对象会互相干扰。例如，绘制两条相交的直线，单击空白区域，取消对直线的选择，两条直线就会相互切割，单击其中一条直线，将其拖走，可以看出只拖走了切割的线段，如图 2-24 所示。

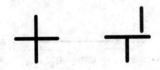

(a) 画两条相交直线 　　(b) 将竖直线拖走

图 2-24 直线相互切割

如果按下"对象绘制"按钮，所绘制的线条将为独立的对象，各形状之间不会互相干扰，在叠加时不会自动合并，分离时也不会改变它们的外形，如图 2-25 所示。

(a) 画两条相交直线 　　(b) 将竖直线拖走

图 2-25 各形状之间不会互相干扰

2)"贴紧至对象"按钮：也称为磁铁或捕获按钮，按下此按钮后，启动自动捕捉功能。绘制直线靠近另一对象，当鼠标接近另一对象的边缘时，它就像被磁铁吸引一样，自动与另一对象连接。图 2-26 所示为绘制一条直线到另一条直线的过程，其中图 2-26 (a) 所示为直线没有达到捕捉范围时，直线上的圆圈较小；图 2-26 (b) 所示为直线达到方框的边缘时，绘制的直线自动连接到另一条直线上，直线上的圆圈突然变大。

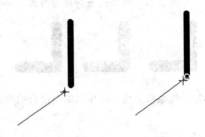

(a) 没有到捕捉范围 　　(b) 到捕捉范围

图 2-26 达到对象捕捉范围，箭头上的圆圈突然变大

知识 3　选择工具

"选择工具"按钮是最常用的一种工具，其主要功能是选择对象，对对象进行变形等。对象被选中后，选中部分会填充小的亮点。

1. 选取单一对象

选中"选择工具"，在欲选取的对象上单击鼠标左键即可选取对象，如图 2-27 所示。

2. 选取多个对象

选取多个对象有两种方法。

方法一：选中"选择工具"，在空白区域按住鼠标左键拖动，拖出一个矩形范围，将要选取的对象都包含在这个矩形范围内，松开左键后，矩形框内的所有对象都将被选中，包括对象的线条与填充区域，如图 2-28 所示。

图 2-27　选择单一对象　　　　图 2-28　拖动选取多个对象

方法二：选中"选择工具"，按住 Shift 键，然后依次单击要选取的对象，选取多个对象。

3. 选取连续线条

选中"选择工具"，在线条上双击，则可以将颜色相同、粗细一致、连在一起的线条同时选中，如图 2-29 所示。

4. 取消选择对象

选中"选择工具"，单击工作区的空白区域，则取消了对

图 2-29　选取连续线条

所有对象的选择。或者按住 Shift 键，单击某个选中的对象，即可取消对该对象的选择。

5. 移动对象

选中"选择工具"，指向已经选择的对象，按下鼠标左键并拖动，就可以将对象拖到其他位置。如果选择了多个对象，这几个对象将一起移动。

知识 4　套索工具

套索工具的主要作用也是选择对象。与选择工具不同的是，套索工具可以用来选取不规则的区域，而选择工具只能拖出矩形的选取范围，因此它的功能更强一些。使用时，按住鼠标左键并拖动，画出要选择范围，松开鼠标后，Flash 会自动选取套索圈定的封闭区域，如图 2-30 所示。

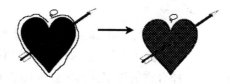

图 2-30　使用套索工具选定不规则区域

知识 5　手形工具

当窗口无法同时显示所有元素时，可用手形工具调整图形的显示区域。选中"手形工具"后，鼠标将变成手掌形状，此时用鼠标可以拖动图形在整个舞台内移动；在拖动的同时，纵向滑块和横向滑块也随之移动。其实手形工具的作用相当于同时拖动纵向和横向滑块。

知识 6　缩放工具

缩放的作用是用来调整对象的显示比例，使用户以一个合适的比例编辑动画。选中"缩放工具"，在选项栏中有"放大"和"缩小"两个选择按钮，用于放大或缩小显示比例。单击其中一个按钮，鼠标变为放大镜或缩小镜，单击工作区，即可放大或缩小显示比例。

选中"缩放工具"后，用鼠标在工作区拉出一个待放大的矩形区域，松开鼠标后，该区域内的图形将放大至整个窗口。

在工作区的右上角有一个显示比例下拉列表，通过下拉此列表或者在文本框中输入比例值，也可以改变显示比例，如图 2-31 所示。

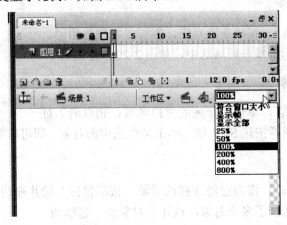

图 2-31　显示比例下拉列表

知识 7　橡皮擦工具

橡皮擦工具就像日常生活中使用的橡皮擦一样，用来擦除图形的线条和填充区。选中"橡皮擦工具"后，在工作区中拖动鼠标时，鼠标拖过的区域会被擦除。

橡皮擦工具的选项栏中有"橡皮擦形状"下拉箭头，单击此下拉箭头，弹出不同形状的橡皮擦，根据需要选择合适的橡皮擦形状，如图 2-32 所示。

图 2-32　选择橡皮擦形状

任务二　绘制国旗

绘制五星红旗，如图 2-33 所示。

1）新建一个 Flash 文档。

2）选中"矩形工具"。单击"笔触颜色"按钮，弹出颜色面板，选择其右上角的无颜色按钮 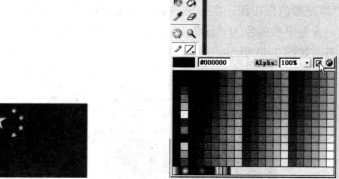，设置笔触颜色为"无"，如图 2-34 所示。

图 2-33　五星红旗　　　　　　图 2-34　设置笔触颜色为"无"

3）单击"填充颜色"按钮，弹出填充颜色面板，选择红色，如图 2-35 所示。

4）在舞台上按下鼠标左键并向右下方拖动，松开鼠标，即绘制一个矩形。单击"选择工具"，选择绘制的矩形，在"属性"面板上设置宽为 144、高为 96，如图 2-36 所示。

图 2-35　填充颜色选择红色　　　　图 2-36　设置红旗的宽和高

5）按下"矩形工具"按钮并保持一段时间，该按钮会弹出其他工具的菜单，选择"多角星形工具"，如图 2-37 所示。

6）单击"属性"面板中的"选项"按钮，弹出"工具设置"对话框，如图 2-38 所示，选择样式为"星形"，边数为"5"，星形顶点大小为 0.5，单击"确定"按钮。

图 2-37　多角星形工具

图 2-38　设置多角形

7）单击"填充颜色"按钮，在弹出的菜单中选择黄色，如图 2-39 所示。单击"笔触颜色"按钮，设置笔触颜色为"无"。在绘图工具面板上单击"对象绘制"按钮，使其处于选中状态，如图 2-40 所示。

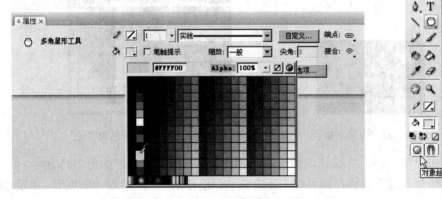

图 2-39　选择填充色　　　　　　　　　　图 2-40　选中"对象绘制"

8）在红色矩形的左上角按下鼠标左键并向右下拖动，松开鼠标左键，即绘制一颗大五角星。

9）单击"选择工具"，选择"五角星"，在"属性"面板上设置五角星的宽和高均为 80。

10）继续使用"多角星形工具"绘制四颗小五角星，松开鼠标左键之前，上下移动鼠标，改变小五角星的角度，使四个小五角星朝向大五角星。

11）单击"选择工具"，选中"小五角星"，在"属性"面板上设置其宽、高均为 25。调整各小五角星的位置，使其成弧线形围绕在大五角星右边，至此五星红旗制作完毕。

 相关知识

知识 1　矩形工具

矩形工具、椭圆工具、基本矩形工具、基本椭圆工具、多角星形工具均放置在绘图工具箱的相同位置上，按住此按钮一段时间后，则弹出这些工具的列表，如图 2-41 所示。

1. 画矩形

选中"矩形工具"，在工作区中拖动鼠标，即可画出矩形。按下 Shift 键，再拖动鼠标则绘制正方形。所画出的矩形分为两部分：轮廓线与填充色块。

2. 颜色栏

颜色栏包含"笔触颜色"和"填充颜色"按钮，如图 2-42 所示。

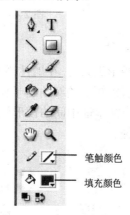

图 2-41　填充工具列表　　　　　　图 2-42　颜色栏

笔触颜色：此按钮用于设置外边框的颜色。单击"笔触颜色"按钮将出现 Windows 调色板，如图 2-43 所示，用户可以在调色板中选择线条颜色。如果选择"没有颜色"按钮，则所绘制的图形没有外边框。

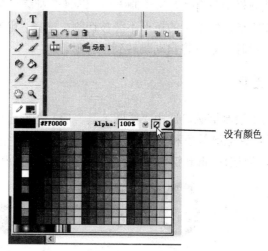

图 2-43　笔触颜色调色板

填充颜色：此按钮用于设置填充部分的颜色。单击"填充颜色"按钮将出现 Windows 调色板，与笔触颜色调色板相同，用户可以在调色板中选择填充颜色，也可以设置无填充颜色。

通过设置笔触颜色和填充颜色，能画出实心矩形、空心矩形和实心无边框矩形，如图 2-44 所示。

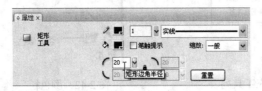

实心矩形　　　空心矩形　　实心无边框矩形

图 2-44　实心、空心和实心无边框矩形

3．边角半径

选中"矩形工具"，在属性栏中出现"矩形边角半径"文本框，如图 2-45 所示，该文本框用于所绘矩形的圆角的半径。图 2-46 所示为"矩形边角半径"为 20 时绘制的图形。单击四个文本框中间的锁形图标，则四个文本框均可输入数值，设定四个顶点有不同的圆角半径。

图 2-45　矩形边角半径　　　　　　　　　　图 2-46　带圆角的矩形

4．选项栏

矩形工具选项栏中只有"对象绘制"和"贴紧至对象"两个按钮。选择"对象绘制"按钮可绘制独立矩形，即绘制的矩形不会被切割；选择"贴紧至对象"按钮后，当绘制的矩形接近正方形时，矩形将自动跳转到正方形。

知识 2　椭圆工具

椭圆工具用于绘制椭圆。选中"椭圆工具"后，在舞台中拖动鼠标即可画出各式各样的椭圆。通过设置笔触颜色和填充色，能画出实心椭圆、空心椭圆和实心无边框椭圆。如图 2-47 所示。当按住 Shift 键时，使用椭圆工具则能绘制出正圆形。

实心椭圆　　　空心椭圆　　实心无边框椭圆

图 2-47　用椭圆工具绘制的实心、空心和实心无边框椭圆

椭圆工具选项栏中只有"对象绘制"和"贴紧至对象"两个按钮。选择"对象绘制"

按钮可绘制独立椭圆；选择"贴紧至对象"按钮后，当绘制的椭圆接近圆形时，椭圆将自动跳转到圆形。

知识3 基本矩形工具

图2-48 基本矩形工具

基本矩形工具和基本椭圆工具是 Flash CS3 新增的工具，使用基本矩形工具绘制矩形，其顶点附近显示一些点，如图 2-48 所示，使用"选择工具"拖动这些点可以改变矩形的圆角半径。

知识4 基本椭圆工具

使用基本椭圆工具绘制椭圆，可以看到两个"调节点"。使用选择工具拖动外部的点，可以将圆形变为扇形，而拖动内部的点则可以将圆形变为环形。如果先后拖动内部点和外部点，则将"圆形"变为"扇环"，如图 2-49 所示。

（a）原图　　　（b）扇形　　　（c）圆环　　　（d）扇环

图2-49 基本椭圆工具

知识5 多角形工具

使用多角星形工具可以绘制出不少于三个边的等边多边形。选中"多角星形工具"后，在"属性"面板中单击"选项"按钮，打开"工具设置"对话框。单击"样式"下拉列表，可选择绘制的图形的样式——多边形或星形，如图 2-50 所示。在下面的两个文本框中输入多边形的边数和星形顶点大小，在舞台中拖动鼠标，即可绘制出相应的多角形，如图 2-51 所示。

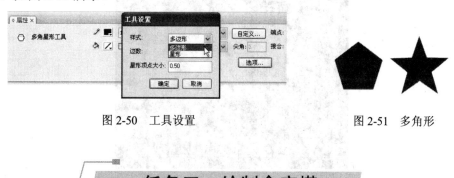

图2-50 工具设置　　　　　　　　　　　图2-51 多角形

任务三 绘制金字塔

绘制一个金字塔，如图 2-52 所示，具体操作步骤如下。

图 2-52　金字塔

1）新建 Flash 文档，文档类型为"Flash 文件（ActionScript 2.0）"，大小为 400 像素×400 像素，背景颜色为黑色，其他为默认设置。

2）单击"视图"→"标尺"命令，打开"标尺"。单击"视图"→"辅助线"→"显示辅助线"命令，显示辅助线。在水平和垂直"标尺"处拖出几条辅助线，放置在如图 2-53 所示的位置。

3）单击"钢笔工具"按钮，设置笔触颜色为红色，先单击 A 点，然后单击 B 点，再单击 C 点，最后再单击 A 点，绘制一个等腰三角形，如图 2-54 所示。

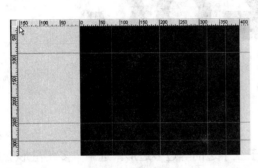

图 2-53　绘制辅助线

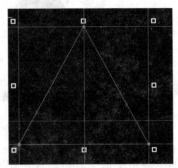

图 2-54　绘制等腰三角形

4）再使用钢笔工具，依次单击 D 点、C 点、A 点、D 点，绘制一个三角形，如图 2-55 所示。

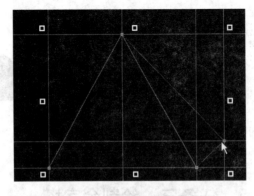

图 2-55　再绘制一个三角形

5）单击"颜料桶工具"按钮，设置填充色为#FFCC00，单击正面的三角形填充颜色。设置填充色为#FFCC99，单击侧面三角形填充颜色，如图 2-56 所示。

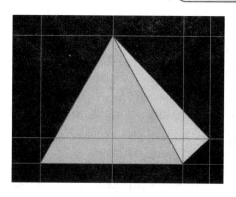

图 2-56 填充三角形

6）单击“选择工具”按钮，依次单击金字塔中的红线，按 Delete 键将其删除。至此，金字塔制作完毕。

 相关知识

知识 1 钢笔工具

钢笔工具是一个工具组，按住此按钮一段时间可以打开工具组面板，如图 2-57 所示。钢笔工具主要用于创建复杂的曲线和线条。

1. 画直线

选中“钢笔工具”后，每单击一下左键，就会产生一个节点，并且与前一个节点自动用直线相连。在绘制的同时，如果按住 Shift 键，则将线段约束在 45 度的倍数角方向上，如图 2-58 所示。

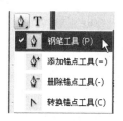

图 2-57 钢笔工具组　　　图 2-58 用钢笔工具画直线

单击其他绘图工具结束图形的绘制，此时的图形为开口曲线。如果将钢笔工具移至曲线起始点处，当钢笔工具右下角出现一个圆圈时单击，即连成一个闭合曲线，如图 2-59 所示。

2. 画曲线

钢笔工具最强的功能就在于绘制曲线，在添加新的线段时，在某一位置按下左键后不要松开并拖动，新节点自动与前一节点用曲线相连，并且显示出控制曲线斜率的切线；若同时按下 Shift 键，则切线的方向为 45 度的倍数角方向，如图 2-60 所示。

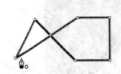

图 2-59　绘制闭合曲线　　　　图 2-60　按下左键并拖动

知识 2　添加锚点工具

如果要制作更复杂的曲线，则需要在曲线上添加一些节点。选中"添加锚点工具"，笔尖对准要添加节点的位置后单击，则在该点上添加了一个节点，如图 2-61 所示。

（a）笔尖对准曲线　　　　　　　（b）单击添加了一个节点

图 2-61　添加节点

知识 3　删除锚点工具

删除锚点工具可以删除曲线中的节点。选中"删除锚点工具"，笔尖对准要删除的节点后单击，鼠标即删除该角点，如图 2-62 所示。

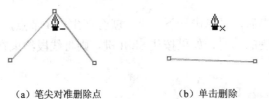

（a）笔尖对准删除点　　　　　　　（b）单击删除

图 2-62　删除节点

知识 4　转换锚点工具

转换锚点工具可以将曲线点转换为角点，将钢笔移动到曲线的某一个曲线点上，单击，则将该曲线点转换为角点，如图 2-63 所示。

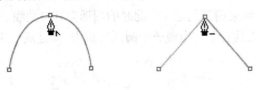

（a）钢笔对准曲线点　　　　　　　（b）单击后转换为角点

图 2-63　将曲线点转换为角点

任务四　绘制荷塘月色

在漆黑的深夜，圆圆的月亮映照在湖水中，倒挂的垂柳，深蓝色的湖面上飘浮着片片荷叶。给人一种美丽、幽静，好像置身于迷人的风景之中的感觉，如图 2-64 所示。绘制荷塘月色的操作步骤如下。

图 2-64　荷塘月色

1）新建 Flash 文档。设置影片的尺寸为 300 像素×260 像素，背景为黑色。

2）单击"椭圆工具"按钮，设置笔触颜色为黄色，填充色也为黄色。按住 Shift 键，在舞台左上角拖曳鼠标，绘制一个黄色的圆形，如图 2-65 所示。

3）单击"矩形工具"，设置线条颜色为无，填充色为深蓝色。在舞台的下边拖曳，绘制一个蓝色的矩形，表示湖面，如图 2-66 所示。

图 2-65　画月亮

图 2-66　绘制蓝色的湖面

4）单击"刷子工具"，设置填充色为深绿色。单击"刷子大小"按钮，如图 2-67（a）所示，选择第三个刷子。单击"刷子形状"按钮，如图 2-67（b）所示，选择第二个形状。在舞台上迅速拖动，绘制出一条柳叶，如图 2-68 所示。

(a) 刷子的大小　　　(b) 刷子的形状

图 2-67　选择刷子的大小和形状

5）选择较小尺寸的刷子，鼠标迅速向右下方拖动，画出另一条向右的柳叶，如图 2-69 所示。

图 2-68　绘制一条柳叶　　　图 2-69　绘制另一条柳叶

6）单击"选择工具"按钮，将两条柳叶放置在合理位置。调整刷子的大小和形状，绘制出更多的柳叶，形成垂柳，如图 2-70 所示。

图 2-70　绘制垂柳

7）单击"铅笔工具"按钮，在其"属性"面板的"笔触高度"文本框中输入线条的宽度为 2，单击"笔触颜色"按钮，设置线条的颜色为白色，如图 2-71 所示。

图 2-71　设置笔触高度和颜色

8）在蓝色的矩形湖面图形之上拖曳鼠标，绘制几条水平线，如图 2-72 所示，表示月亮的倒影。

9）单击"椭圆工具"按钮，设置笔触颜色为绿色，填充色也为绿色。再在舞台上拖曳鼠标，绘制一个绿色椭圆，设置笔触颜色为深绿色，无填充色。在绿色的椭圆之上，绘制一个小椭圆，如图 2-73 所示。

10）单击"直线工具"按钮，设置笔触颜色为深绿色，在椭圆上绘制几条直线，形成荷叶图形，如图 2-74 所示。

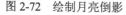

图 2-72　绘制月亮倒影　　　　图 2-73　绘制两个椭圆　　　图 2-74　荷叶图形

11）单击"选择工具"按钮，选中整个荷叶。单击菜单"修改"→"组合"命令，将其组合，形成一个整体。

12）单击荷叶图形，按住 Ctrl 键，拖曳荷叶图形，复制生成一个新的荷叶图形。按照这种方法，复制多个荷叶图形。

13）单击"任意变形工具"按钮，选中一个荷叶图形，选中的绿色荷叶图形四周会出现八个黑色方形控制柄。将鼠标指针移动到四角的控制柄处，当鼠标指针呈双箭头时拖曳，即可缩放荷叶的大小，如图 2-75 所示。

14）选中一个荷叶图形，单击菜单"修改"→"变形"→"旋转与倾斜"命令，荷叶的四周会出现八个黑色方形控制柄，拖曳四角的控制柄，使荷叶旋转一个角度。

15）合理放置荷叶在湖面上的位置，形成随意分布的效果。荷塘月色图制作完毕。

图 2-75　缩放荷叶

 相关知识

知识 1　铅笔工具

使用铅笔工具可以绘制各种形式的线条，就像使用真的铅笔一样。单击"铅笔工具"按钮，在工作区拖动鼠标，即可按照鼠标移动的轨迹画出线条来。它只有笔触颜色，没有填充颜色。在绘制线条时，如果同时按下 Shift 键，则将线条约束在水平、垂直和 45 度方向。

知识2　刷子工具

刷子工具就像画刷一样绘制图形，刷子的颜色由填充色设置。刷子工具的使用方法与铅笔工具基本相同，只是"铅笔工具"画出的是线条，而"刷子工具"画出的是填充内容。

刷子工具的选项栏如图 2-76 所示。其中"对象绘制"用于绘制出独立的图形。刷子大小用于设定刷子的粗细。单击选项栏中"刷子大小"下拉列表框，弹出"刷子大小"列表，选择适中大小刷子绘图。刷子形状按钮用于设定刷子的形状。单击选项栏中"刷子形状"下拉列表框，弹出不同的刷子形状列表，可以根据需要进行选择。

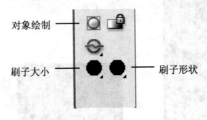

图 2-76　刷子工具的选项栏

知识3　任意变形工具

使用任意变形工具可以对图形进行各种各样的变形，制作各种 Flash 特效。单击"任意变形工具"后，在选项栏中有四个选项按钮，如图 2-77 所示。它一共可以实现五种变形处理：旋转、倾斜、缩放、扭曲和封套。

图 2-77　任意变形工具的选项栏

1. 旋转和倾斜

单击"任意变形工具"，并单击要旋转的对象，这时对象的周围会出现黑色边框，边框上共有八个控点，对象中央有一个圆点，为旋转中心点。按下选项栏中的"旋转与倾斜"按钮，光标移动到对象四个角上的控点时，光标变成旋转光标，这时可以拖动旋转对象，如图 2-78 所示。可以将旋转中心点移到其他位置，对象将以新的中心点旋转。

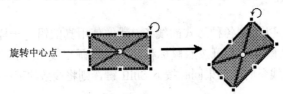

图 2-78　拖动四角上的控点旋转对象

将光标移动到四条边线上的控点时，光标将变成倾斜光标，拖动鼠标即可倾斜变形对象，如图 2-79 所示。

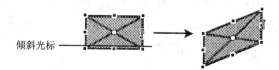

图 2-79　拖动边线上的控点倾斜对象

2. 缩放

按下选项栏中的"缩放"按钮，将鼠标移动到任意的控点上，光标变为缩放光标，拖动控点即可改变对象的尺寸，如图 2-80 所示。

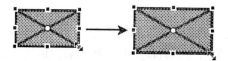

图 2-80　拖动控点改变对象尺寸

拖动对象上、下边框中间的控点可使对象在垂直方向缩放变形，拖动对象左、右边框中间的控点可使对象在水平方向上缩放变形，拖动对象四个角上的控点可以同时进行垂直和水平两个方向的缩放。

3. 扭曲

按下选项栏中的"扭曲"按钮，将鼠标移近任一控点，光标变成扭曲光标，拖动控点可以拉伸对象，获得不同的形状，如图 2-81 所示。使用"对象绘制"方式绘制的图形不能被扭曲。

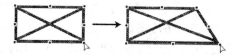

图 2-81　拖动控点拉伸对象

4. 封套

按下选项栏中的"封套"按钮，这时对象的每一个边上均新增了四个控点，鼠标移近这些控点时变成封套光标，这时拖动鼠标，可改变对象的形状，获得不同的效果，如图 2-82 所示。使用"对象绘制"方式绘制的图形不能被执行封套操作。

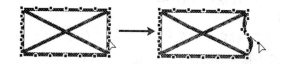

图 2-82　拖动控点改变对象的形状

知识 4　墨水瓶工具

墨水瓶工具用于更改线条的颜色、线宽和样式等属性。单击"墨水瓶工具"按钮，然后在其"属性"面板上设定好线条的样式、颜色和线宽等，如图 2-83 所示。用"墨水瓶工具"直接单击要修改的线条，线条的样式、颜色和线宽即可按照设置进行改变。

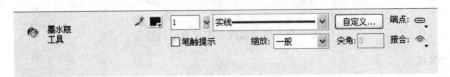

图 2-83　"墨水瓶工具"属性面板

知识 5　颜料桶工具

与墨水瓶工具相对应，颜料桶工具的功能是更改填充区域的颜色。它可以填充封闭区域或不完全封闭区域。单击"颜料桶工具"按钮后，选择填充用的颜色，然后在由线条组成的封闭区域里单击，即将封闭区域填充为指定的颜色，如图 2-84 所示。

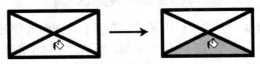

图 2-84　单击填充颜色

知识 6　吸管工具

吸管工具用于拾取填充或线条的颜色值，单击"吸管工具"按钮后，鼠标图标变成一个吸管，用吸管单击对象的某一位置，可获得此位置的颜色值及其他属性。

使用吸管单击填充区域后，"吸管工具"自动切换到"颜料桶工具"，同时填充颜色自动变为拾取的颜色。使用吸管单击线条后，"吸管工具"自动切换到"墨水瓶工具"，同时线条颜色自动变为拾取的颜色，线条宽度和线型也自动变为拾取对象的线宽和线型。

任务五　绘制曲线

通过绘制图 2-85 所示的曲线，熟悉选择工具、辅选工具等在图形修改方面的使用。

1）新建一个文件。

2）单击"选择工具"，确定"对象绘制"选项没有被选中，在空白区域单击，确保直线没有被选中，把箭头移到直线附近时，在箭头的下面会出现一个如图 2-86 所示的弧形。

图 2-85　曲线　　　　　　　　　　图 2-86　箭头移到直线附近

3）按住左键向上拖动，直线向拖动的方向弯曲一个弧线，如图 2-87 所示。

4）选中"钢笔工具"组中的"添加锚点工具"，在曲线上单击，添加一个节点，如图 2-88 所示。

图 2-87　直线向拖动的方向弯曲　　　　　图 2-88　单击添加节点

5）单击"选择工具"，将左面的弧线向下拖，将右面的弧线向上拖。单击"部分选取工具"，单击曲线，适当向下拖动中间的节点，把这条弧线变为 S 状的波浪线，如图 2-89 所示。

6）继续使用"钢笔工具"添加节点，使用"选择工具"和"部分选取工具"调整曲线形状，使之成为图 2-90 所示图形。

图 2-89　S 状的波浪线　　　　　　图 2-90　调整曲线形状

7）按照前面的方法逐步调整图形，完成图 2-85 的制作。

 相关知识

知识 1　选择工具

选择工具还可以修改图形的外框线条，但不能是选中"对象绘制"选项绘制的图形。在修改对象的外框线条前必须要取消该对象的选择，否则操作就成了移动对象。

例如，绘制如图 2-91（a）所示的图形，单击"选择工具"按钮，在空白位置单击一下，光标移至两条线的交角处，光标右下角会出现一个直角标记，按住鼠标左键拖动，将图形拉伸变形，如图 2-91（b）所示。

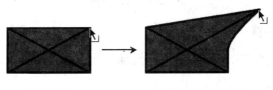

（a）原图　　　　　　（b）将图形拉伸变形

图 2-91　拖动直线端点

如果将光标移到线条附近，光标右下角出现小圆弧，按住鼠标左键，拖动鼠标，可以将线条牵引变形，改变线条的曲度，如图 2-92 所示。

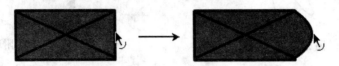

图 2-92　拖动直线中间部分

知识 2　部分选取工具

部分选取工具主要用于调整线条上的节点，改变线条的形状。用"部分选取工具"箭头单击工作区中的曲线，曲线上的节点就显示为空心小点，这时可以对线条的节点进行编辑。

1. 删除节点

选中其中的一个节点，则该点变成实心的小方点，按 Delete 键可以删除这个节点，如图 2-93 所示。

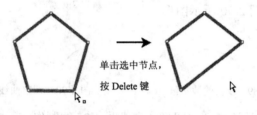

单击选中节点，
按 Delete 键

图 2-93　删除节点

2. 移动节点

用"部分选取工具"箭头拖动任意一个节点，可以将该节点移动到新的位置，如图 2-94 所示。

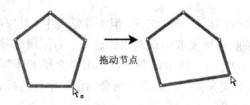

拖动节点

图 2-94　移动节点

3. 角点转换为曲线点

按下 Alt 键，用"部分选取工具"箭头拖动角点时，即将角点转换为曲线点，如图 2-95 所示。

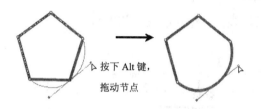

图 2-95　角点转换为曲线点

4.　调节曲率

用"部分选取工具"箭头选中一个曲线点，可以显示出该点的切线以及切线的句柄，拖动句柄，改变切线的长度和斜率，可以调整其控制的曲线的曲率，如图 2-96 所示。

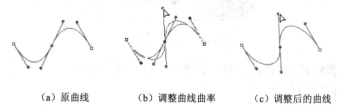

（a）原曲线　　　　　　　（b）调整曲线曲率　　　　（c）调整后的曲线

图 2-96　调节曲率

任务六　绘制立体彩球

绘制一个立体彩球，如图 2-97 所示。操作步骤如下。

1）新建一个 Flash 文档，文档类型选择"Flash 文件（ActionScript 2.0）"，大小为 550 像素×400 像素，背景颜色为白色，其他默认。

2）选中"椭圆工具"。单击菜单"窗口"→"颜色"命令，打开"颜色"面板，如图 2-98 所示。单击"笔触颜色"按钮，在弹出的颜色面板中选择"没有颜色"按钮，如图 2-99 所示。

图 2-97　立体彩球

图 2-98　"颜色"面板

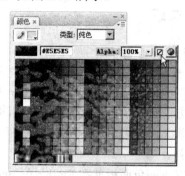

图 2-99　选择"没有颜色"

3）单击"填充颜色"按钮，在弹出的"颜色"面板中选择如图 2-100 所示放射状绿色。单击选定颜色后，颜色类型自动变为放射状。

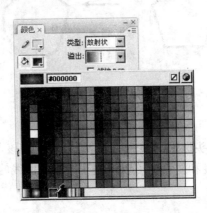

图 2-100　选择放射形绿色

4）将鼠标指针移动到舞台的左边，按住 Shift 键，拖动鼠标，在舞台上绘制一个绿色的立体球，如图 2-101 所示。

5）按住"任意变形工具"一段时间，弹出工具列表，选择"渐变变形工具"，如图 2-102 所示。

6）单击立体球，在立体球上出现如图 2-103 所示控制柄。

图 2-101　绘制一个立体球　　　　图 2-102　选择"渐变变形工具"　　　　图 2-103　控制柄

7）拖动立体球中间的填充中心点，将填充中心点移动到图形的左上角。仔细调整中心点的位置，形成光线从左上方照射的效果，至此，立体彩球制作完毕。

 相关知识

知识 1　颜色的设置

Flash 中可以在三个位置上设置颜色：绘图工具的颜色栏、属性面板、颜色面板。用任意一种方法设置颜色，效果都是一样的。用一种方法设置了颜色之后，其他两个面板的颜色也随之改变。在这三种方法中，颜色面板的功能最全。下面以颜色面板为例讲解颜色的设置。

通常情况下颜色面板就在 Flash 操作面上，如果操作面上没有颜色面板，可以单击菜单"窗口"→"颜色"命令，打开颜色面板，颜色面板上各个部分的名称如图 2-104 所示，具体功能和使用方法如下。

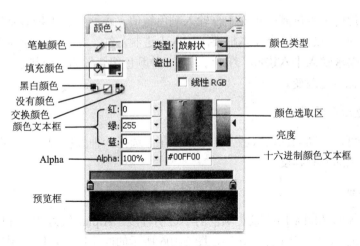

图 2-104　颜色面板

1. 笔触颜色

该按钮的作用是设定线条的颜色。单击按钮左边的铅笔图形，可以通过在"颜色文本框"中输入颜色代码，或在"颜色选取区"选择颜色，设定笔触的颜色。

如果单击按钮右端的方框，将弹出颜色选择面板，同时光标变为点滴器形状，如图 2-105 所示。颜色选择面板主体部分是样本色标签，可以在样本色标签中选择一种颜色为笔触颜色。

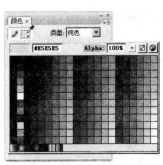

图 2-105　设定线条的颜色

2. 填充颜色

该按钮用于设置对象的填充颜色，与笔触颜色的设置方法类似。

3. 黑白颜色和交换颜色

单击颜色面板的"黑白颜色"按钮，Flash 自动将线条颜色设置为纯黑色（#000000H），将填充颜色设置为纯白色（#FFFFFFH）。单击"交换"按钮，将使笔触颜色与填充色颜色互换。

4. 颜色值

每一个颜色都可以用一组对应的数值表示，用户可以在颜色面板左边的红、绿、蓝文本框或右边的十六进制颜色文本框输入颜色数值。这两组文本框只是表现形式不同，效果是相同的。左边的三个文本框要求输入十进制，红、绿、蓝三种颜色分别输入；右边的文本框要求输入十六进制，红、绿、蓝三种颜色组合输入。当其中一组数据改变时，另一组数据也随之改变。

5. 颜色选取区和亮度

用户还可以拖动颜色选取区上的十字准星，选择一种颜色的色调，再拖动亮度滑块设置当前颜色的明亮程度。

6. Alpha

颜色面板的 Alpha 用于设定颜色的不透明程度，Alpha 值为 100％时表示完全不透明，Alpha 值为 0％时表示完全透明。图 2-106 所示的四个圆，它们的颜色相同，只是透明度程度从左向右依次增加，即设置的 Alpha 数值依次减小。

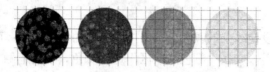

图 2-106　从左向右透明度依次增加，Alpha 值依次减小

7. 预览框

预览框中显示当前设置颜色的样例。除此以外，当拖动面板上的某一个滑块而没有松开时，预览框就分为上下两部分，下部分为原来的颜色设置，上部分为滑块在当前位置的颜色设置，供用户参考。如果松开鼠标，预览框中的颜色就会按新设置显示颜色。图 2-107 所示为改变 Alpha 值时预览框中显示的效果。

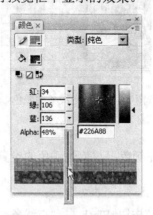

图 2-107　拖动某一滑块时，预览框分为上下两部分

8. 颜色类型

除了单一的颜色外，Flash 还提供了颜色过渡的渐变色。通过渐变颜色的设置，可以创建出很多特殊效果。在类型的下拉列表框中提供了五种颜色类型，如图 2-108 所示。

图 2-108　颜色类型

（1）无

该选项表示将颜色设为无色。如果单击笔触颜色，再选择类型为"无"，即将笔触颜色设置为"无"，绘出的图形没有线条；反之如果单击填充颜色，再选择颜色类型为"无"，绘出的图形没有填充部分。

（2）纯色

纯色即单一颜色，使用选定的笔触颜色和填充颜色绘制图形。

（3）线性

选择"线性"后，颜色面板变为图 2-109 所示样式。可以看出在颜色面板中多了一条渐变颜色条，颜色条的底部有两个锥形滑块，每个滑块代表着一种颜色，两个滑块之间的颜色在这两个滑块颜色之间做渐变。滑块被选中时尖端变成黑色，成为当前滑块，可以对当前滑块设置颜色。用拖动滑块左右移动，可以改变颜色渐变的分布情况，在下面的预览框中可以看到当前设置的效果。

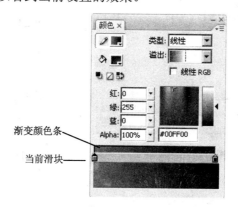

图 2-109　线性渐变颜色面板

如果当前渐变色不能满足用户需求，用户可以添加滑块，进一步细化颜色渐变。将光标移到渐变颜色条的底部，光标的右下侧会出现"＋"标记，单击就可以添加一个颜色滑块，如图 2-110 所示。将滑块拖出颜色面板即可删除此滑块。

（4）放射状

其设置方法与线性渐变的方法相同，只不过它的颜色渐变是从中心向外进行渐变。图 2-111 所示为放射状渐变的效果图。

图 2-110　添加颜色滑块　　　　图 2-111　放射状渐变效果图

（5）位图

"位图"选项表示要用位图对图形进行填充。选中"位图"选项后，如果元件库中没有位图文件，则弹出如图 2-112 所示"导入到库"对话框，选择一个图片，单击"确定"按钮，在颜色面板的列表框中列出位图的缩略图，如图 2-113 所示。选择位图图像作为笔触颜色或填充颜色绘制图形，能够得到意想不到的效果，请读者自试。

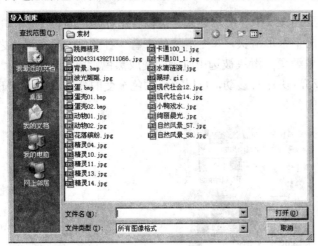

图 2-112　导入位图对话框　　　　　　图 2-113　位图颜色面板

知识 2　渐变变形工具

绘图工具框中的渐变变形工具与任意变形工具在同一个位置，通过长按该按钮进行切换。渐变变形工具用来调整颜色的渐变属性，修改渐变的填充效果。选择渐变变形工具后，单击渐变对象，放射状填充和线性填充分别出现两种不同的控点，如图 2-114 所示。下面介绍调整填充的方法。

图 2-114 线性和放射状填充显示不同的控点

1. 更改渐变中心

拖动渐变的中心圆点，放至新位置，即改变了填充中心，如图 2-115 所示。

图 2-115 更改渐变中心

2. 改变渐变填充的宽度

拖动边线上的方形控点，即可改变渐变填充的宽度，如图 2-116 所示。

图 2-116 改变渐变填充的宽度

3. 旋转渐变填充

拖动边线上的小圆形手柄逆时针或顺时针转动，即可改变填充方向，如图 2-117 所示。

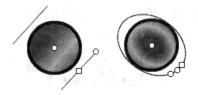

图 2-117 改变填充方向

4. 改变填充半径

只有放射状填充才有此选项，拖动近邻方形控点的小圆形控点，可以改变填充半径，如图 2-118 所示。

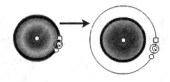

图 2-118 改变填充半径

任务七　空　心　字

在各类艺术文字中，空心字是最基本的一类，Flash 中许多其他形式的艺术字都是以空心字为基础的。空心字的效果如图 2-119 所示。

图 2-119　空心字

1）新建一个文件，单击"文本工具"，在属性面板上设定好文字的字体和字号，选择颜色为"红色"，如图 2-120 所示，在工作区中单击，然后键入"FLASH"五个文字。

图 2-120　"文本工具"的属性面板

2）单击菜单的"修改"→"分离"命令，将文字进行一次分解，如图 2-121 所示。再执行一次菜单"修改"→"分离"命令，将文字分解为矢量对象。

3）单击"墨水瓶工具"按钮，在"颜色"面板中将线条颜色设为黑色，用墨水瓶依次单击"FLASH"文字，对文字添加边缘线条，如图 2-122 所示。

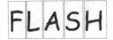

图 2-121　第一次分解文字　　　　图 2-122　添加边缘线条

4）单击"选择工具"按钮，单击每个字母内部的填充部分，按 Delete 键将填充部分删除，只留下线条部分，形成空心字，如图 2-123 所示。

图 2-123　删除填充部分

 **相关知识**

知识 1　输入文本

单击绘图工具箱中的"文本工具"按钮，在工作区中单击或拖动光标，即会出现一个文本框，其中有闪烁的光标，用户可以在其中输入文字。输入完毕，在文本框外任意处单击，文本框的边框和光标消失。再次单击文字部分，边框将重新出现，可以继续修改文字。

在工作区中单击，将会出现带有圆形手柄的文本框。这种类型的文本框的长度是可变的。用户输入文字时，文本框的边界会随着输入的文字进行不断向前扩大。如果要换行，可以按 Enter 键。

在工作区中用鼠标拖出一个文本区域时，将会出现带方形手柄的文本框。它表示文本框的长度是固定不变的，文本输入至每一行末尾时会自动换行。

如图 2-124 所示为两种类型的文本框示意图。

图 2-124 可变长度和固定长度的文本框

知识 2 设置文本的属性

选择绘图工具栏中的"文本工具"按钮，"属性"面板上将显示与文本对象编辑相关的选项，如图 2-125 所示。由图中可以看出，它包含了对文本的常规设置，如字间距、字体、字号、字体颜色、对齐方式等，设置方法与通用文字处理软件类似，这里不再介绍。

 有的 Flash CS3 汉化版本有缺陷，当字体设置为加粗或倾斜时，Flash 文档不能被编译和执行，即单击菜单"控制"→"测试影片"命令，动画不能被播放，也不能生成编译的 swf 文档。

下面介绍 Flash 的特有部分。

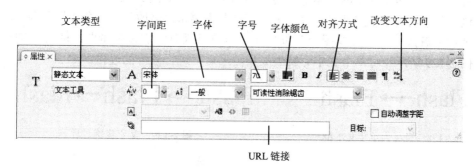

图 2-125 文字对象的"属性"面板

1. 文本类型

单击文本类型下拉列表框，弹出 Flash 所支持的三种文本类型，如图 2-126 所示。

静态文本：此类文本的内容在动画运行时不可修改，它是一种普通文本。

图 2-126 三种文本类型

动态文本：在动画运行过程中可以通过 Action Script 脚本程序对其内容或属性进行编辑修改，但用户不能直接输入文本。

输入文本：动画运行时允许用户在输入文本框内直接输入文字，增加了动画的交互性。

2. 超链接栏

超链接栏只有在静态文本和动态文本中有效，它的作用是为文字添加超链接。动画运行时光标指向此文本时，光标变为手形，单击此文字，将自动链接到指定的链接地址。

3. 改变文本方向

图 2-127　改变文本方向

改变文本方向只有在静态文本框中有效，它用于设置文本文字的排列方向。单击"改变文本方向"按钮，弹出三个选项，如图 2-127 所示。"水平"表示文字从左向右水平排列；"垂直，从左向右"表示文字垂直排列，第一列在最左边，依次向右排列后面各列；"垂直，从右向左"表示文字垂直排列，列排顺序为从右向左。

知识 3　打散文本

文本对象不能实现一些特殊的效果。为文字添加特殊效果时，需要将文本转化为矢量图形，即分解文本。

一旦文本被分解，就不能再返回到文本状态，不能再作为文本进行字体、段落等编辑。所以在分解文本之前须确保完成了文本内容、格式等。

分解文本的方法：用选择工具选中要分解的文字，单击菜单"修改"→"分离"命令，将一个含有多个文字的文本框变为单字的文本框，如图 2-128 所示。

这些单字的文本框仍然是文字对象，再次单击菜单"修改"→"分离"命令，这几个字就被分解成一般的矢量图形对象，此时用户可以对它们按矢量图形的方法进行修饰，图 2-129 所示为将单个文字分解为矢量图形后再进行修饰的过程。

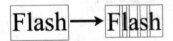

图 2-128　分离为单字文本框

图 2-129　文字修饰过程

作　业

1. 绘制如图 2-130 所示的火箭。
2. 绘制如图 2-131 所示的雨中伞图形，它由三部分组成：雨滴、伞面和伞柄。

图 2-130　火箭

图 2-131　雨中伞

3. 绘制图 2-132 所示的法官锤，可以看出此图有很强的对称性，绘制时要充分利用它的对称性加快绘制速度。

4. 绘制如图 2-133 所示的扑克牌中方片、红桃图案。

图 2-132 法官锤   图 2-133 方片、红桃图案

5. 利用铅笔绘制如图 2-134 所示的小鸟。

6. 制作如图 2-135 所示一个凸起的圆形按钮，它是将两个光照方向不同的立体小球叠加在一起形成的。

图 2-134 小鸟   图 2-135 立体按钮

7. 制作如图 2-136 所示的彩虹文字。

hongen

图 2-136 彩虹文字

8. 制作如图 2-137 所示的立体文字，它在阴影字的基础上描边而成。

FLASH

图 2-137 立体文字

项目三

制作复杂图形

知识目标

◆ 了解图像的格式，熟练掌握导入图像的处理

◆ 熟练掌握图形的组合、切割、排列、旋转和变形等

◆ 熟练掌握编辑图层的各种操作

技能目标

◆ 利用图形的各种操作，制作复杂图形

◆ 利用图层制作复杂的按钮

一个精彩的动画可能要用到许多其他类型的素材，图像、声音、视频等，素材在很大程度上决定了动画的质量。Flash CS3 可以处理现在流行的许多文件格式，例如，可以处理的图像文件格式有 JPEG、BMP、GIF、PSD、WMF、TIF 等，声音文件格式有 AIF、WAV、MP3 等，视频文件格式有 MOV、AVI、DV、FLV、WMV、MPG 等。另外，还可以导入 Adobe Illustrator 生成的 AI 文件、Photoshop 生成的 PSD 文件、AutoCAD 生成的 DXF 文件、FreeHand 生成的 FH（FT）文件。导入的外部素材均放在 Flash 元件库中。

任务一　清明上河图

制作一幅如图 3-1 所示的清明上河图，具体操作步骤如下。

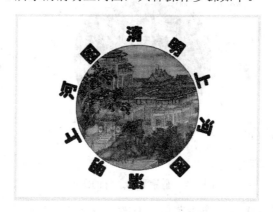

图 3-1　清明上河图

1）新建一个文件，执行菜单"文件"→"导入"→"导入到舞台"命令，在出现的对话框中选中一个图片文件，单击"确定"按钮导入到舞台中，如图 3-2 所示。

图 3-2　导入图片

2）选中图片，执行菜单"修改"→"分离"命令，将图片分解。

3）单击"椭圆工具"，在"属性"面板中设置笔触颜色为黑色，填充颜色为"无"，在图片上绘制一个圆形，如图 3-3 所示。

图 3-3　绘制一个圆形

4）单击"选择工具"，单击并选中圆形之外的区域，按 Delete 键删除圆形之外的图形，如图 3-4 所示。

图 3-4　删除圆形之外的图形

5）选中圆形和内部图片，单击菜单"修改"→"组合"命令，将图形组成一个独立对象，并将其移到舞台中央。

6）单击"文本工具"，在"属性"面板中设置字体为琥珀字体，大小为 32，颜色为黑色，在舞台上输入文字"清明上河图"。单击"选择工具"，选中文字，再单击菜单"修改"→"分离"命令，将文字分解，如图 3-5 所示。

图 3-5　输入文字并将其分解

7）单击"选择工具"，将"清"字拖动到圆形图片上端。将"清"字复制并粘贴生成一个新的"清"字。单击"任意变形工具"，选中新复制的"清"字，将其旋转 180度，并拖动到图片下端，如图 3-6 所示。

图 3-6　放置"清"字

8）将"明"字拖动至"清"字的右下方，单击"任意变形工具"，将"明"字顺时针转动一个较小的角度，使其沿着圆的弧线朝向圆中心。

9）复制生成一个新的"明"字，单击"任意变形工具"，选中新复制的"明"字，将其旋转 180 度，并拖动到图片下端对应位置，如图 3-7 所示。

图 3-7　将"明"字放至相应位置

10）将"上"、"河"、"图"三字分别放在相应位置，并旋转一定角度，使其朝向圆中心。将"上"、"河"、"图"分别进行复制，将复制的三个字，旋转 180 度，放到相应位置。生成一幅美丽的图像。

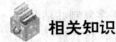 **相关知识**

知识 1　图像的格式

图像从表示方法上可分为矢量图与位图，两者之间存在本质的区别。

1. 矢量图

矢量图是用数学方式描述的曲线及曲线围成的色块，它在计算机内部用一系列数值表示图形的形状、颜色等属性，这些数值按照一定的公式经过计算在屏幕上显示出图形。矢量图与图形的分辨率无关，无论放大或缩小，都有同样平滑的边缘，一样的视觉细节和清晰度。因此，矢量图形可以自由地改变对象的位置、形状、大小和颜色，它所生成的文件也比位图文件要小一些。它的缺点是难以表现色彩层次丰富逼真的图像效果。矢量图尤其适用于标志设计、图案设计、文字设计、版式设计等，常用制作矢量图像的软件有 FreeHand、Illustrator、CorelDraw 等。

2. 位图

位图也叫像素图，它由像素点的网格组成，如果将这类图形放大到一定的程度，就会发现它是由一个个小方格组成，这些小方格被称为像素点。像素点是图像中最小的图像元素，位图的大小和质量取决于图像中像素点的多少。通常，单位面积上所含像素点越多，图像越细腻，同时文件也越大。制作位图图像的常用软件有 Windows 提供的"画图"软件和著名的 Photoshop。与矢量图形相比，位图的图像更容易模拟照片的真实效果。

制作矢量图的软件也能处理位图，同样制作位图的软件也可以处理矢量图。它们的最大区别在于：制作矢量图的软件原创性较强，主要用于原始创作，而制作位图的软件后期处理功能较强，主要用于图片的处理。

用 Flash 绘画工具画出的图形都是矢量图形，同时，Flash 也可以处理位图。

知识 2　图像的导入

1. 导入图像

Flash CS3 文件的导入包含两种操作："导入到库"和"导入到舞台"。"导入到库"命令是只将图像导入到元件库，不出现在舞台中，需要用到该图像时，再将该图像从元件库中拖入舞台。"导入到舞台"命令多用于当前需要使用的图像，它将图像导入到元件库的同时，再将导入图像放在舞台上。

在编辑 Flash 动画时，"导入到库"选项和"导入到舞台"选项所弹出的对话框是一样的。下面以"导入到库"为例讲解操作步骤。

单击菜单"文件"→"导入"→"导入到库"命令，弹出如图 3-8 所示的"导入"对话框。在窗口内选择要导入的图像，单击"打开"按钮，图像即被导入到 Flash 元件库中。按住 Shift 或 Ctrl 键，可以选择连续或不连续的多个图像，单击"打开"按钮可同时导入多张图像。

图 3-8 导入图像对话框

2. 导入图像组

图像组是指一组顺序命名的图像，如 01.jpg、02.jpg、03.jpg……n.jpg，但图像本身不一定存在特定联系，如图 3-9 所示。图像组的导入多用于将连续变化的图片导入到 Flash 中制成动画。这些连续变化的图像可以是连续的电影胶片、手绘卡通画等。

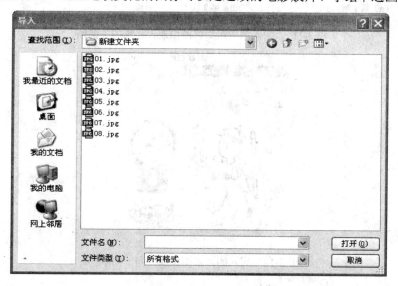

图 3-9 导入图像组对话框

在"导入"对话框中选中第一张图片，单击"打开"按钮，弹出如图 3-10 所示提示框。单击"是"按钮，图像自动导入到连续的帧中，即第 1 帧存放 01.jpg 图片，第 2

帧存放 02.jpg 图片，第 3 帧存放 03.jpg 图片，依此类推。如果单击"否"按钮，则只将一个图像导入到舞台中。单击"取消"按钮，取消此次操作。

图 3-10　提示对话框

导入图像组跟在"导入"对话框中选择多个图像一起导入到舞台的结果是完全不同的。导入图像组是将导入的图像分别放在连续的不同的关键帧之中，如图 3-11 所示。而选择多个图像一起导入到舞台则是将导入的多张图像放在一帧中，如图 3-12 所示。

（a）第 1 帧　　　　　　　（b）第 2 帧　　　　　　　（c）第 3 帧

图 3-11　"导入图像组"将图像放入连续的关键帧

图 3-12　导入的多张图像放在同一帧中

知识 3　将位图转换成矢量图

Flash 可以将位图转换成矢量图，以便于做进一步的修饰。当位图转换成矢量图后，矢量图与原有位图将不存在任何连接关系。

　　在转换位图前可以设置各项转换参数，获得不同的转换效果。如果要求转换效果好，则需要较大的存储空间。如果导入的位图所包含的图形过于复杂，而转换的矢量图要求效果较高，那么转换后的矢量图文件可能会比原来的位图文件要大得多。所以，在位图转换过程中要兼顾图像质量及文件大小。

　　将位图转换为矢量图的具体步骤为：先选择需要进行转换的位图，再单击菜单"修改"→"位图"→"转换位图为矢量图"命令，弹出如图 3-13 所示转换位图对话框，下面介绍它的主要参数选项。

图 3-13　"转换位图为矢量图"对话框

（1）颜色阈值

　　当两个像素点的色彩值小于设定的颜色阈值时，这两个像素点在转换后将归于同一颜色。这意味着加大颜色阈值将减少颜色数目，图像的质量下降，文件的尺寸将减小；反之颜色数目增加，图像的质量较高，文件尺寸增大，如图 3-14 所示。

（a）颜色阈值为 1　　　　　（b）颜色阈值为 100

图 3-14　设置不同的颜色阈值，转换后的效果

（2）最小区域

　　这个选项用来确定在位图转换矢量图时，归于同一颜色的区域所包含像素点的最小值。

知识 4　处理导入的图像

1. 分解位图

　　Flash 是一种矢量图形处理软件，但它也具有一定的位图处理能力，例如可以使用魔术棒选择相近颜色、截取部分位图等。在对位图进行处理之前，需要先将位图分解。

分解位图的方法是：先选中将要分解的位图，再执行菜单"修改"→"分离"命令或按 Ctrl＋B 组合键。图 3-15 所示为位图分解前后的对照。

图 3-15　位图分解前后

2. 编辑位图

下面以选出图像的一部分为例，说明位图的编辑方法。

1）选中要处理的位图，单击菜单"修改"→"分离"命令或按快捷键 Ctrl+B 将其分解。

2）单击绘图工具箱中的"椭圆工具"，在属性面板上设置填充色为无，边框色为黑色，在该图上画一个椭圆，如图 3-16（a）所示。

3）单击绘图工具箱中的"选择工具"，在椭圆外单击，如图 3-16（b）所示。

4）按 Delete 键，将选中部分删除，如图 3-16（c）所示。

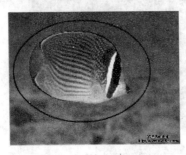 

（a）在图像上画一椭圆　　　　　　　　　　　（b）在圆形外单击

（c）删除圆形外图像

图 3-16　编辑位图的步骤

3. 魔术棒及其设置

在工具箱中单击"套索工具" ⌇，则在"套索工具"的选项栏中出现"魔术棒工具" ⌇，"魔术棒工具"主要是用于对位图进行设置，对矢量图形对象无效。用魔术棒单击位图图像时，Flash 将选中与单击点颜色相近的区域。

在"魔术棒工具"的右边是"魔术棒设置"按钮 ⌇，单击"魔术棒设置"按钮，将弹出"魔术棒设置"对话框，如图 3-17 所示。

对话框中的"阈值"参数用于定义选取像素的接近程度，数值越高，魔术棒选取时的容差也越大，选取的范围也越大。如果输入数值为 0，只有与单击那一点像素值完全一致的像素会被选中。

下面我们利用"魔术棒"删除一个图像的背景。

1）选择一个位图，执行菜单"修改"→"分离"命令或按快捷键 Ctrl+B 将其分解。如图 3-18 所示。

图 3-17　"魔术棒设置"对话框　　　　　图 3-18　分解位图

2）在绘图工具箱中选择"套索工具"，在选项栏中选择"魔术棒"，根据背景的复杂程度在魔术棒设置对话框中将阈值设为 40。

3）将鼠标移到位图上，此时光标变为魔术棒形状。用魔术棒在图片的背景上单击，选中背景，如图 3-19 所示。

4）按 Delete 键删除背景，即得到前景的图像，如图 3-20 所示。

图 3-19　用魔术棒选中背景　　　　　　图 3-20　删除背景

4. 位图填充其他对象

可以将分解的位图作为填充部分，填充到其他的对象中，具体步骤如下。

1）在绘图工具箱中选择"滴管工具"。

2）将"滴管"移到被分解的位图上，单击，鼠标变为"颜料桶工具"。

3）用"颜料桶工具"在被填充的区域单击，则在该区域填充为所选位图，如图 3-21 所示。

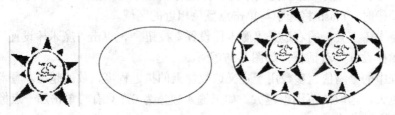

图 3-21　用位图填充椭圆区域

任务二　放射状图形

效果如图 3-22 所示，具体操作步骤如下。

1）新建一个文件，在属性面板中设置背景颜色为黑色，选择"椭圆工具"，设置笔触颜色设为无，填充色为黄色（FF9900），然后在舞台中画一个如图 3-23 所示的极扁的椭圆形。

图 3-22　放射状图形　　　　图 3-23　绘制一个椭圆形

2）单击"任意变形工具"，选中椭圆形，如图 3-24（a）所示。然后，将旋转的中心移至椭圆形的右端，如图 3-24（b）所示。

（a）原图　　　　　　　　　　（b）旋转点移至右端

图 3-24　旋转中心移至椭圆形的右端

3）单击菜单"窗口"→"变形"命令，弹出"变形"面板，如图 3-25（a）所示，旋转值设为 12 度，其他值不变，单击右下角"复制并应用变形"按钮 ，生成一个新图并旋转 12 度，如图 3-25（b）所示。

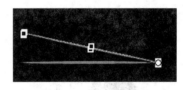

（a）"变形"面板　　　　　　（b）复制并进行旋转

图 3-25　设置旋转值进行旋转

4）连续单击"复制并应用变形"按钮 29 次，生成最终放射状图。

 相关知识

知识 1　组合图形

1. 创建组合

为了防止已编辑好的图形被无意改动，可以将图形组合成一个整体。具体步骤为：先选中一个或几个对象（可以是形状、打散的位图或组合等），然后单击菜单"修改"→"组合"命令，或按快捷键 Ctrl+G，即可将所有选取对象组合成一体，如图 3-26 所示。

如果想将组合重新转换为单个对象，选中组合对象后，单击菜单中"修改"→"取消组合"命令即可取消组合。

（a）选取对象　　　　　　　　　　　（b）成组

图 3-26　将选中的太阳和树组合

2. 编辑组合

组合对象不能直接编辑，如果要对组合对象进行编辑，双击要编辑的组合，或先选中该组合，然后单击菜单中"编辑"→"编辑所选项目"命令，即可进入该组合的编辑状态。此时不是组合中的元素会变暗，不能进行编辑，如图 3-27 所示。对组合编辑完毕后，单击"场景 1"返回。

图 3-27　编辑"太阳和树"的组合

知识 2　旋 转 与 变 形

对象的旋转和变形可以通过"变形"面板或菜单"修改"→"变形"命令完成。

1. "变形"面板

单击菜单中"窗口"→"变形"命令，打开"变形"面板，如图 3-28 所示。

图 3-28　"变形"面板

（1）调节比例缩放

在"变形"面板中通过文本框 ↔ 100.0% 设置宽度的缩放百分比，通过文本框 ‡ 100.0% 设置高度的缩放百分比，在相应的输入框中输入要缩放的百分比，按 Enter 键即可。选中"约束"复选按钮则锁定高度、宽度缩放比例，即在宽度或高度任一输入框中输入数据，另一文本框自动按比例调整，如图 3-29 所示。

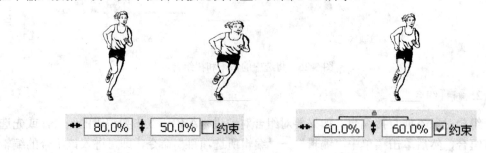

图 3-29　缩放对象

（2）调节旋转角度

选中"变形"面板中的"旋转"单选按钮，在后面的文本框中输入旋转角度，按 Enter 键，对象会按所输入的角度旋转。输入角度值为正数时，对象以顺时针方向旋转，输入角度为负数时，对象以逆时针方向旋转。如图 3-30 所示。

图 3-30　旋转变形

（3）倾斜角度调节

选中"变形"面板中的"倾斜"单选按钮，按钮后的两个文本框可以使用，表示水平方向倾斜，表示垂直方向倾斜。在文本框中输入数据后，按 Enter 键，对象会在水平方向或垂直方向发生倾斜，如图 3-31 所示。

图 3-31　倾斜变形

单击右下角的"复制并应用"按钮，Flash 会复制一个按面板中的数值进行变形后的对象。按"重置"按钮即可取消变形，图形恢复原状。

2. 变形菜单

单击菜单中"修改"→"变形"命令，弹出下一级子菜单，如图 3-32 所示。子菜单上半部分相当于绘图工具箱的"任意变形工具"按钮及其选项栏，下部分为特殊角度的旋转。

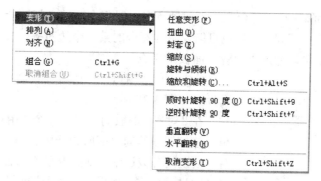

图 3-32　"变形"命令的子菜单

（1）"缩放和旋转"对话框

"变形"菜单下"缩放和旋转"命令也可以实现对象的缩放和旋转。

选定对象后，单击菜单中"修改"→"变形"→"缩放和旋转"命令，出现"缩放和旋转"对话框，如图 3-33 所示。

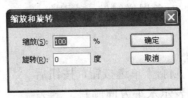

图 3-33 "缩放和旋转"对话框

在"缩放"文本框中输入对象缩放的百分比，或在"旋转"文本框中输入对象旋转的角度，按"确定"按钮，即可缩放或旋转对象。

（2）特殊角度的旋转

选取对象后，单击菜单中"修改"→"变形"→"逆时针旋转 90 度"命令，对象左转 90 度；选择"顺时针旋转 90 度"，对象右转 90 度；"垂直翻转"则将对象做垂直方向翻转；"水平翻转"则将对象做水平方向翻转。

如图 3-34 为执行"垂直翻转"和"水平翻转"的效果图。

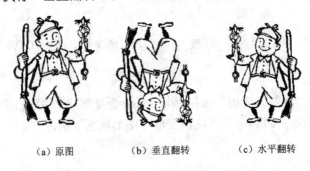

（a）原图　　　　（b）垂直翻转　　　　（c）水平翻转

图 3-34 翻转效果

知识 3 排列对象

一个 Flash 动画作品，舞台上经常放置有多个对象，对象之间可能需要对齐、平均分布间距或大小保持相同；对象也可能要求与舞台的某一个边对齐，或与舞台大小保持相等。这些功能都可以通过"对齐"面板来完成。

单击菜单"窗口"→"对齐"命令，出现"对齐"面板，如图 3-35 所示。

在"对齐"面板的右侧有一个"相对于舞台"按钮，单击该按钮使其向里凹时为选中状态。如果"相对于舞台"按钮没有被选中，则面板左侧的各命令按钮在各对象之间进行操作；如果"相对于舞台"按钮被选中，则面板左侧的各命令按钮则相对于舞台进行相应操作。

图 3-35 "对齐"面板

在对齐面板左侧有四类按钮，分别为对齐、分布、匹配大小、间隔。下面就"相对于舞台"按钮未被选中和选中两种状态，分别说明面板左侧各种按钮的具体功能。

1. "相对于舞台"按钮未被选中

在此状态下进行对齐操作时，首先选择要调整的多个对象，然后在"对齐"面板上选择进行相应调整的按钮。

（1）对齐

这组按钮的功能是使选择的多个对象在垂直或水平方向上对齐。

"左对齐"按钮 ▣：以最左侧的对象的左边线为基线进行左对齐。

"水平中齐"按钮 ▣：以最左侧对象的左边线和最右侧对象的右边线的垂直中线为基线进行居中对齐。

"右对齐"按钮 ▣：以最右侧对象的右边线为基线进行右对齐。

三种对齐效果如图 3-36 所示。

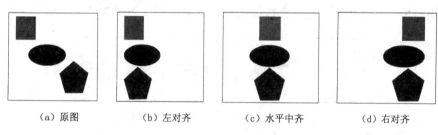

|（a）原图|（b）左对齐|（c）水平中齐|（d）右对齐|

图 3-36 对象垂直排列效果

"上对齐"按钮 ▣：以最上侧对象的上边线为基线进行顶部对齐。

"垂直中齐"按钮 ▣：以最上侧对象的上边线和最底侧对象的下边线的水平中线为基线进行中间对齐。

"底对齐"按钮 ▣：以最底侧对象的下边线为基线进行底部对齐。

三种对齐效果如图 3-37 所示。

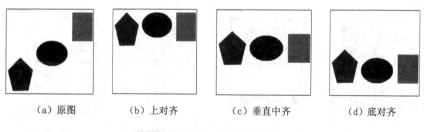

|（a）原图|（b）上对齐|（c）垂直中齐|（d）底对齐|

图 3-37 对象水平排列效果

（2）分布

这组按钮的功能是使选择的对象在垂直或水平方向上均匀分布。

"顶部分布"按钮：使每个对象的上边线之间的距离相等。

"垂直居中分布"按钮：使每个对象的水平中线之间的距离相等。

"底部分布"按钮：使每个对象的下边线之间的距离相等。

如果对象的高度相等，这三个按钮的执行效果相同，如图 3-38 所示。

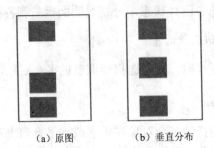

图 3-38　垂直分布效果

"左侧分布"按钮：使每个对象的左边线之间的距离相等。

"水平居中分布"按钮：使每个对象的垂直中线之间的距离相等。

"右侧分布"按钮：使每个对象的右边线之间的距离相等。

如果对象的宽度相等，这三个按钮的执行效果相同，如图 3-39 所示。

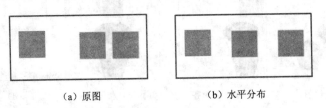

图 3-39　水平分布效果

（3）匹配大小

"匹配宽度"按钮 ：使每个对象的宽度与最宽的对象的宽度相等。

"匹配高度"按钮 ：使每个对象的高度与最高的对象的高度相等。

"匹配宽和高"按钮 ：使每个对象的宽度和高度与最宽对象的宽度和最高对象的高度相等。各匹配按钮的效果如图 3-40 所示。

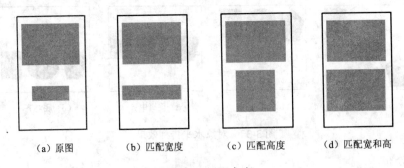

图 3-40　匹配大小

（4）间隔

"垂直平均间隔"按钮 ：使对象之间在垂直方向上的间隔距离相等，如图 3-41 所示。

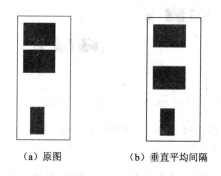

（a）原图　　　　　　（b）垂直平均间隔

图 3-41　垂直平均间隔效果

"水平平均间隔"按钮：使对象之间在水平方向上的间隔距离相等。如图 3-42 所示。

（a）原图　　　　　　　（b）水平平均间隔

图 3-42　水平平均间隔效果

2.　"相对于舞台"按钮被选中

在此状态下进行对齐操作时，可以选择多个对象，也可以选择单个对象，进行的各类操作都是相对于舞台。

（1）对齐

"左对齐"按钮：被选择对象的左边线与舞台的左边线对齐。

"水平中齐"按钮：被选择对象的垂直中线与舞台的垂直中线对齐。

"右对齐"按钮：被选择对象的右边线与舞台的右边线对齐。

三种对齐效果如图 3-43 所示。

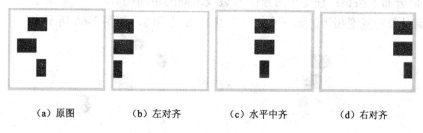

（a）原图　　　（b）左对齐　　　（c）水平中齐　　　（d）右对齐

图 3-43　"相对于舞台"垂直对齐排列效果

"上对齐"按钮：被选择对象的上边线与舞台的上边线对齐。

"垂直中齐"按钮：被选择对象的水平中线与舞台的水平中线对齐。

"底对齐"按钮：被选择对象的下边线与舞台的下边线对齐。

三种对齐效果如图 3-44 所示。

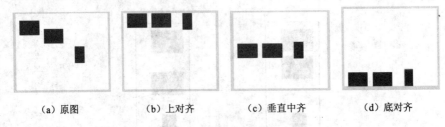

| (a) 原图 | (b) 上对齐 | (c) 垂直中齐 | (d) 底对齐 |

图 3-44　"相对于舞台"水平对齐排列效果

（2）分布

"垂直分布"的三个按钮作用先使最上面对象的上边与舞台的上边对齐，最下面对象的底边与舞台的底边对齐，然后中间的对象再按照不同的要求平均分布。

"顶部分布"按钮：使每个对象的上边线之间的距离相等。

"垂直居中分布"按钮：使每个对象的水平中线之间的距离相等。

"底部分布"按钮：使每个对象的下边线之间的距离相等。

如果对象的高度相等，则三个按钮的执行效果相同，如图 3-45 所示。

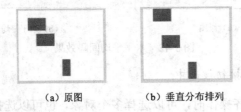

| (a) 原图 | (b) 垂直分布排列 |

图 3-45　"相对于舞台"垂直分布排列效果

"水平分布"的三个按钮先使最左面对象的左边与舞台的左边对齐，最右面对象的右边与舞台的右边对齐，然后中间的对象再按照不同的要求平均分布。

"左侧分布"按钮：使每个对象的左边线之间的距离相等。

"水平居中分布"按钮：使每个对象的垂直中线之间的距离相等。

"右侧分布"按钮：使每个对象的右边线之间的距离相等。

如果对象的宽度相等，则三个按钮的执行效果相同，如图 3-46 所示。

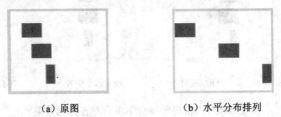

| (a) 原图 | (b) 水平分布排列 |

图 3-46　"相对于舞台"水平分布排列效果

（3）匹配大小

"匹配宽度"按钮：使对象的宽度与舞台的宽度相等。

"匹配高度"按钮：使对象的高度与舞台的高度相等。

"匹配宽和高"按钮：使对象的宽度和高度与舞台的宽度和高度相等。

各匹配效果如图 3-47 所示。

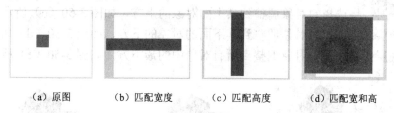

（a）原图　　　（b）匹配宽度　　　（c）匹配高度　　　（d）匹配宽和高

图 3-47　相对于舞台匹配大小效果

（4）间隔

"垂直平均间隔"按钮：使最上面对象的上边与舞台的上边对齐，最下面对象的底边与舞台的底边对齐，调整其他对象，使各对象在垂直方向上的间隔相等。

"水平平均间隔"按钮：使最左边对象的左边与舞台的左边对齐，最右边对象的右边与舞台的右边对齐，调整其他对象，使各对象在水平方向上的间隔相等。

"垂直平均间隔"和"水平平均间隔"的排列效果如图 3-48 所示。

（a）原图　　　（b）垂直平均间隔　　　（c）水平平均间隔

图 3-48　相对于舞台间隔排列效果

知识 4　对象的叠放顺序

选中"对象绘制"按钮所绘制的图形或组合的图形为独立对象，叠放独立对象时有上下顺序之分，上面的对象可以覆盖下面的对象。对象的上下顺序与创建时的次序有关，后创建的对象在先创建的对象上面。不选中"对象绘制"按钮所绘制的非独立的形状没有上下顺序之分，位置在独立对象的下方。

单击菜单中"修改"→"排列"命令，弹出如图 3-49 所示的子菜单，该菜单包括改变对象叠放顺序的几个命令。选择要调整的对象，选择相应命令，即调整了对象的叠放顺序。

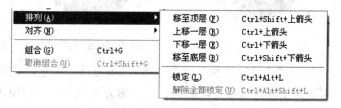

图 3-49　改变对象叠放顺序的菜单命令

菜单中各个命令的功能如下。

移至顶层：将选择的对象调整到对象中的最上方，如图 3-50（b）所示。

上移一层：将选择的对象调整到其上面对象的上方，如图 3-50（c）所示。

下移一层：将选择的对象调整到其下面的对象的下方，如图 3-50（d）所示。

移至底层：将选择的对象调整到所有对象中的最下方，如图 3-50（e）所示。

（a）原图　　　　（b）原图中的方块移至顶层　　　　（c）原图中的五边形上移一层

（d）原图中的五边形下移一层　　　　（e）原图中的圆移至底层

图 3-50　改变叠放顺序

任务三　制作铜钱

制作如图 3-51 所示的铜钱，具体操作步骤如下。

1）新建一个文件，选择"椭圆形工具"，在"属性"面板中设置笔触颜色为"无"，填充色为灰色，绘制一个正圆形，如图 3-52 所示。

图 3-51　铜钱　　　　图 3-52　正圆形

2）选择"矩形工具"，设置笔触颜色为"无"，填充色为黑色，在圆形旁绘制一个正方形。然后，将正方形拖入圆形中，此时，正方形为选中状态，如图 3-53（a）所示。将鼠标单击空白处，取消正方形的选定，如图 3-53（b）所示。

（a）正方形拖入圆形中　　　（b）取消选定

图 3-53　将正方形拖入圆形中并取消选定

3）选择圆形中的正方形，用鼠标将其拖出或 Delete 键将它删除，如图 3-54 所示，圆形上出现了一个正方形。

4）选择"文本工具"，在"属性"面板中设置字体为琥珀字体，大小为 32，颜色为黑色。在舞台上输入文字"招财进宝"。单击"选择工具"按钮，选中文字，执行"修改"→"分离"命令，将文字分解。如图 3-55 所示。

图 3-54　删除选中内容　　　　　图 3-55　将文字分解

5）将四个字摆放好位置，选择所有对象，单击菜单"修改"→"组合"命令，将文字和图形组合成一个整体，如图 3-51 所示。

 相关知识

知识 1　修改形状

修改形状包括切割形状和融合形状，只有分离的形状才能被修改，选中"对象绘制"按钮所绘制的形状或已经组合了的形状是不能被修改的，输入的文字必须要被分离才能进行修改。

知识 2　切割形状

切割就是将某一个形状分成多个部分，形成新的图形，例如上面所讲的制作铜钱。切割形状要保证被切割形状的颜色与切割形状的颜色不能相同，且都不能是独立的对象。

知识 3　融合形状

融合是将两个形状连在一起，此功能可创建绘图工具无法绘制的形状。使用时要注意，进行融合的两个形状的颜色要相同，没有边框，并且不能是独立的对象。下面以一个椭圆和一个圆形融合举例说明。

1）选择"椭圆工具"，在"属性"面板设置边框色为无，填充色为灰色，在工作区中绘制一个椭圆形和一个圆形，如图 3-56 所示。

2）将圆形拖曳到椭圆形上面，如图 3-57（a）所示。在空白区域单击，取消圆形的选定，如图 3-57（b）所示。此时，两个形状已融合在一起，用鼠标拖曳可发现该形状一起移动。

（a）圆形拖曳到椭圆形上　　　（b）两个形状融合

图 3-56　绘制颜色相同的椭圆形和圆形　　　　　图 3-57　融合两个形状

任务四　制作按钮

利用图层制作一个按钮，如图 3-58 所示，具体操作步骤如下。

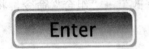

图 3-58　按钮效果图

1）新建一个文件，单击"图层 1"中的第 1 帧，选择绘图工具箱中的"基本矩形工具"，在舞台上画一个矩形。单击"选择工具"，选中矩形，在"属性"面板中设置矩形的笔触颜色为"无"，填充色为蓝色（#91C4D8），矩形边角半径为 6，宽为 66，高为 20。如图 3-59 所示。

2）单击图层面板上的"插入图层"按钮，插入一个新图层，默认名称为"图层 2"。单击"图层 2"的第 1 帧，选择"基本矩形工具"，在舞台上绘制一个矩形。单击"选择工具"，选中矩形，在"属性"面板中设置矩形的笔触颜色为无，填充色为白色，边角半径为 4，宽为 63，高为 17。放置在如图 3-60 所示位置。

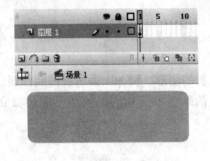

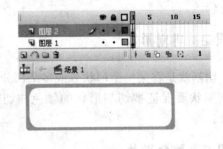

图 3-59　画一个圆角矩形　　　　　图 3-60　再绘制一个圆角矩形

3）单击图层面板上的"插入图层"按钮，插入一个新图层"图层 3"。单击"图层

3"的第 1 帧，选择"基本矩形工具"，在舞台上绘制一个矩形。单击"选择工具"，选中矩形，在属性面板中设置矩形宽为 62，高为 15，矩形边角半矩设置为 4。

4）在"颜色"面板中，设置笔触颜色为"无"，选择填充色，设置颜色类型为"线性渐变"，如图 3-61 所示，其中左滑块的颜色为蓝色（#2D88AE），右滑块的颜色为浅蓝色（#D2EBF4），按住鼠标在矩形框中从上向下拖曳，将矩形区域填充为由上向下的渐变色，如图 3-62 所示。

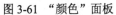

图 3-61　"颜色"面板　　　　图 3-62　使用"颜料桶工具"填充渐变色

5）单击"图层"面板上的"插入图层"按钮，插入一个新图层"图层 4"。双击"图层 4"，"图层 4"变为编辑状态，键入字符"文字"，回车确定将该图层改名。单击"文字"图层的第 1 帧，选择"文本工具"，在"属性"面板中设置字号为 8，文本颜色为黑色，在舞台上键入"Enter"，再将其放置在矩形中心，如图 3-63 所示。至此按钮制作完毕。

图 3-63　添加文字图层

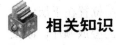　相关知识

知识 1　图层的概念

图层是 Flash 的一个重要概念，在许多图形处理软件中均有图层的应用，我们可以把图层看做是相互堆叠在一起的许多透明纸，用户可以在一个图层上随意地修改该图层上的图形而不影响其他图层。Flash 中还可以在不同图层上分别进行不同形式的动画制

作，从而组合出复杂的动画，实际中的大多数动画都是由若干图层组合而成的。

所有图层均放在时间轴左侧的图层面板上，当用户新建一个文件、一个场景或一个元件时，Flash 默认建立一个图层，名称为"图层 1"。用户可以根据实际需要新建、删除、重命名图层等，在图层面板的下边有关于图层各种操作的按钮，如图 3-64 所示。

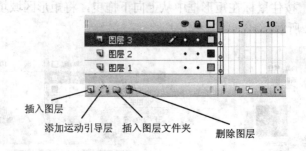

插入图层

添加运动引导层　　插入图层文件夹

删除图层

图 3-64　图层及各按钮

知识 2　编辑图层

1. 新建图层

一个新建的 Flash 文件只包含一个图层，用户可以自行添加。新增图层可以采用以下任意一种操作方法。

方法一：执行菜单"插入"→"图层"命令。

方法二：右击某一图层，在弹出的快捷菜单中执行"插入图层"命令。

方法三：单击图层编辑区左下角的"插入图层"按钮 。

新增的图层均插入在当前图层之前，名称按"图层 1"、"图层 2"、"图层 3"……的顺序自动编号。

2. 选取图层

单击图层的名称或单击该图层上的某一帧，就选取了该图层，这个图层成为当前工作图层，同时在名称的右边出现一个铅笔图标 ，在舞台上可以对该图层的内容进行操作。

3. 改变图层的顺序

多个图层上的对象在位置上发生重叠时，位置在上层的对象会遮挡位置在下层的对象，用户可以通过调整图层的上、下次序，来调整不同图层之间对象的叠放顺序。改变图层顺序的方法是：在图层编辑区中，选中要移动的图层，用鼠标拖动该图层，此时会出现一条水平虚线，当虚线达到预定位置时放开鼠标，图层就被移动到当前位置。图 3-65 所示为拖动"图层 1"到"图层 4"之下的过程。

图 3-65　图层移动的过程

4. 重命名图层

双击图层名称，图层名称变为编辑状态，如图 3-66（a）所示。输入新的名称后，按 Enter 键即可改变图层的名称，如图 3-66（b）所示。

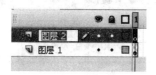 

　　（a）图层名称的编辑状态　　　　　　　（b）新命名的图层

图 3-66　重命名图层

5. 删除图层

选取要删除的图层，单击图层编辑区下方的"删除图层"按钮 或直接将要删除的图层拖曳到垃圾桶中，即可删除图层。

知识 3　图层的状态

在图层编辑区有代表图层状态的三个图标 ，在三个图标下面，每个图层都有对应的小黑点或方框，单击这些图标可以设置图层的不同的显示模式，方便用户对图层的编辑，各按钮的功能如图 3-67 所示。

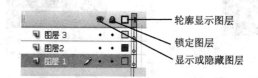

图 3-67　图层状态按钮

1. 图层的显示和隐藏

在动画的制作过程中，有时候只需要对某一图层上的内容进行编辑，这时其他图层上的对象可能会干扰对该图层的编辑操作，为了更清楚地进行操作，可以隐藏其他图层，只显示要编辑的图层。当动画比较复杂，操作对象过多时，这种方法不仅可以使画面显得简洁，而且也会加快响应速度。

单击某一图层上与隐藏图标 相对应的黑点，若变为 标记，表明该图层上的对象被隐藏，舞台中看不到该图层中的内容，再次单击隐藏标记就会重新显示该图层的对象。例如，在如图 3-68（a）所示中，"图层 1"，"图层 2"，"图层 3"均为背景层，"图层 4"为"文字"层，将文字层隐藏，单击该图层上隐藏图标，"Enter"消失了，如图 3-68（b）所示。

单击图层编辑区上边的隐藏图标 ，可以将所有图层隐藏。当图层被隐藏后，即使在编辑状态下也不能对图层进行查看和编辑操作，但是播放动画时图层仍然可见。

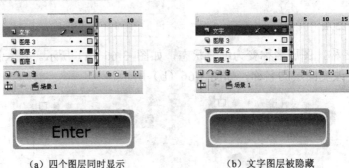

（a）四个图层同时显示　　　　　　　　（b）文字图层被隐藏

图 3-68　图层的隐藏

2. 图层的锁定

在进行修改操作时，为了防止对某个图层上的内容误操作，可以将该图层锁定。图层被锁定后，可以看到该图层中的对象，但该图层上的内容不能被编辑修改。

在某图层上与锁定图标 🔒 相对应的黑点上单击，黑点变为锁形图标 🔒，该图层被锁定，图层上的内容不能被修改。再次单击锁定标记即可解锁该图层。例如，在如图 3-69（a）所示中，"文字"图层是一行文字。当"文字"图层没有被锁定时，"文字"图层中的文字可以被选中。当"文字"层被锁定后，再选择图层时，只有"图层 1"、"图层 2"、"图层 3"中的对象被选中，"文字"层中的"Enter"未被选中，如图 3-69（b）所示。

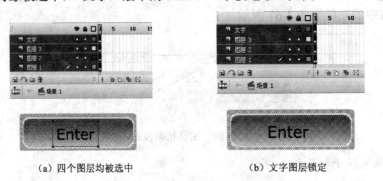

（a）四个图层均被选中　　　　　　　　（b）文字图层锁定

图 3-69　图层的锁定

单击图层编辑区上边的锁形图标 🔒，可以将所有图层锁定。再次单击锁形图标，则所有图层被解锁。

3. 图层的轮廓显示

只有当前图层上的对象才能被编辑，非当前图层上的对象不能被编辑。一般地，非当前图层的对象对当前编辑的对象有参考作用，比如当前图层的对象与其他图层对象之间的相对位置、比例大小等。这些有参照价值的对象可以不显示全部内容，只显示它们的轮廓，这样既加快了显示处理的速度，又可以参考对象相互之间的关系。

每一个图层的右边有一个方框形轮廓标记，不同的图层用不同的颜色方块表示，单击该方框形轮廓标记，方框变为空心，该图层上的图形以轮廓方式显示；再次单击轮廓标记，方框变为实心，则取消轮廓显示方式，以原样显示图形。如图 3-70 所示，其中

"图层1"中有一个正方形，"图层2"中有一个圆形，"图层3"中有一个五边形。

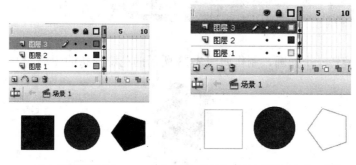

（a）原样显示图形　　　　　（b）轮廓方式显示"图层1"和"图层3"

图 3-70　图层的轮廓

单击图层编辑区上边的轮廓标记 ▢，可以将所有图层以轮廓方式显示。当图层以轮廓方式显示时，图形的轮廓颜色与轮廓图标的颜色相同。

知识4　图层文件夹

图层文件夹与操作系统中的文件夹的概念相同，我们可以将同一类的图层放在同一个图层文件夹下，便于图层的分类管理。单击图层编辑区下方的"插入图层文件夹"按钮 ▢ 即可新建一个图层文件夹。新建的图层文件夹为空文件夹，可以将相同类型的图层拖到某一图层文件夹下。在一个图层文件夹下，还可以再建立下一级的图层文件夹，即在一个图层文件夹中可以包含多个图层文件夹，如图 3-71 所示。

对图层文件夹可以进行删除、重命名等操作，其操作方法与图层相似。

在图层文件夹的左边有一个下拉箭头，当箭头向下时，表示对应的图层文件夹被展开；当箭头向右时，则表示对应的图层文件夹被折叠。由图 3-54 可以看出，"文件夹1"和"文件夹2"为展开状态，"文件夹3"为折叠状态。单击图层文件夹左边的箭头，可以展开或折叠图层文件夹。也可以右击某一图层文件夹，在弹出的菜单中选择相应的操作选项，如图 3-72 所示。

图 3-71　图层文件夹　　　图 3-72　在弹出的菜单中选择操作选项

作　业

1. 复制并旋转一个椭圆，制作如图 3-73 所示的花瓣形状的图形。

图 3-73　花瓣

2. 制作一个字匾，长方形的匾上有文字"知足者常乐"，如图 3-74 所示。

图 3-74　知足者常乐

3. 制作如图 3-75 所示的按钮。

图 3-75　"发射"按钮

4. 制作如图 3-76 所示的邮票。

图 3-76　邮票

5. 制作一个由 8 个扇形组成的圆形，8 个扇形颜色分别为红、橙、黄、绿、青、蓝、紫、白，并组合，如图 3-77 所示。

图 3-77　圆形

6. 制作一个圆环，并为此添加文字，如图 3-78 所示。

图 3-78 圆环

7. 做一个翻书页的效果，要求有三张书页以不同角度张开（提示：使用长方形变形），如图 3-79 所示。

图 3-79 翻书页的效果

项目八

简单 Flash 动画

知识目标

- ◆ 了解动画原理，熟悉时间轴面板
- ◆ 熟练掌握补间动画的制作步骤，设置补间动画的属性。
- ◆ 熟练掌握形状渐变动画的制作步骤，设置形状渐变动画的属性

技能目标

- ◆ 熟练制作逐帧动画、位置移动动画和形状渐变动画

任务一　跳动的精灵

动画效果：阳光明媚的林间小路，一个可爱的精灵正在等待他的朋友。但是，朋友迟迟不来，小精灵又是烦躁又是担心……本动画依次显示每个独立的精灵图片，表现了一个精灵在不停地跳动。操作步骤如下。

1）单击菜单"文件"→"新建"命令，或按快捷键 Ctrl+N，打开"新建文档"对话框。

2）在弹出的"新建文档"对话框中，选择"常规"选项卡中的"Flash 文件（ActionScript.20）"选项，如图 4-1 所示。单击"确定"，新建一个 Flash 文档。

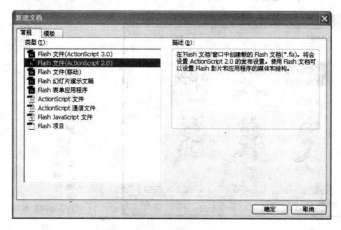

图 4-1　新建文档

3）在舞台的任意位置右击，在弹出的快捷菜单中选择"文档属性"选项，弹出"文档属性"对话框，如图 4-2 所示。在打开的"文档属性"对话框中，输入帧频为 12，单击"确定"按钮。

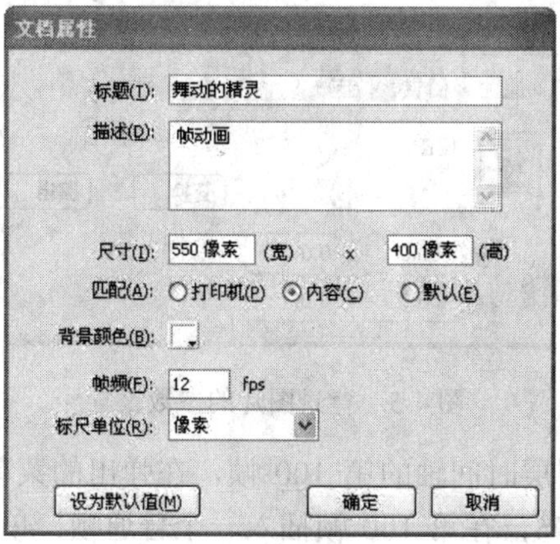

图 4-2　"文档属性"对话框

4）在图层面板上，双击"图层1"，输入"背景"，将此图层改名为"背景"。

5）单击菜单"文件"→"导入"→"导入到库"命令。在弹出的"导入"对话框中找到存放连续图片的文件夹，如图4-3所示。

6）在导入图片对话框文件列表中有一组连续图片 m1.gif～m10.gif，用于描述一个精灵的行为与表情；同时还有一张用于表现背景的图片 bk.jpg。选中所有图片，单击"打开"按钮，将图片导入到库。

7）如果在舞台上没有元件库，单击菜单"窗口"→"库"命令，或者按快捷键Ctrl+L，打开当前文档的元件库，在"库"面板中则显示出刚才导入的所有图片，如图4-4所示。

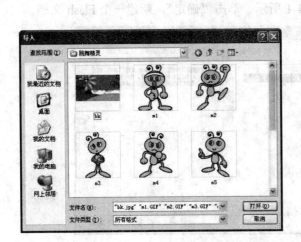

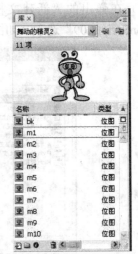

图4-3　导入图片对话框　　　　　　图4-4　"库"面板中的图片

8）在"库"面板中，选择背景图片，将其拖入到舞台中。

9）选中舞台中的图片，在舞台下方的"属性面板"中修改图片的属性，如图 4-5 所示。设置图片的宽、高与舞台的宽、高相同，X、Y 值均为 0，使图片的左上角与舞台的左上角对齐。

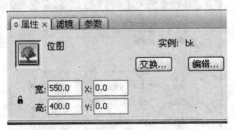

图4-5　背景图片的参数设置

10）右击"背景"图层时间轴的第 100 帧，在弹出的菜单中选择"插入帧"，或单击第 100 帧，按功能键 F5，在第 100 帧插入一个普通帧。单击图层"背景"后的第二个小黑点，在该位置即显示小锁的图像，锁定此图层。时间轴状态如图4-6所示。

图 4-6　背景图层及时间轴

11）单击图层面板左下方的"插入图层"按钮，增加一个图层"图层 2"，修改图层名称为"精灵"，该图层用来存放精灵图片。

12）单击"精灵"图层的第 1 帧，将"库"面板中的第 1 个精灵图片"m1"拖入舞台，放置在合适的位置，如图 4-7 所示。

图 4-7　m1 图片的位置

13）右击"精灵"图层的第 11 帧，在弹出的菜单中选择"插入空白关键帧"，或单击第 11 帧，再按 F7 键，时间轴状态如图 4-8 所示。

图 4-8　精灵图层第 11 帧处插入空白关键帧

14）从"库"面板中将图片"m2"拖到舞台上，放置在跟刚才图片"m1"相同的位置，如图 4-9 所示。

图 4-9　"精灵"图层第 11 帧的图片内容

15）此时，"精灵"图层第 11 帧的状态如图 4-10 所示。注意，第 11 帧的空心圆变为实心圆，表示空白关键帧自动转化为关键帧。

图 4-10　精灵图层时间轴第 11 帧的状态

16）右击"精灵"图层第 21 帧，在弹出的菜单中选择"插入空白关键帧"，时间轴状态如图 4-11 所示。

图 4-11　精灵图层第 21 帧处插入空白关键帧后的时间轴状态

17）从"库"面板中将图片"m3"拖入到舞台上，放置在跟刚才图片 m2 相同的位置。此时，空白关键帧自动转化为关键帧。

18）按照同样的步骤，分别在"精灵"图层的第 31、41、51、61、71、81、91 帧处分别插入空白关键帧，然后依次拖入对应的图片 m4～m10。最后，右击"精灵"图层第 100 帧，在弹出的菜单中选择"插入帧"，制作完成后"精灵"图层的时间轴如图 4-12 所示。此时，上下两个图层的时间轴长度相同。

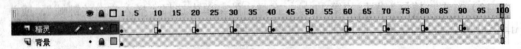

图 4-12　制作完成后的时间轴

19）单击菜单中"文件"→"保存"命令，或按快捷键 Ctrl+S，打开"另存为"对话框，如图 4-13 所示。

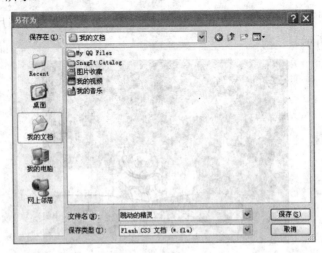

图 4-13　"另存为"对话框

20）在"保存在"的下拉框中选择存放文件的位置，在"文件名"的输入框中输入文件名称，然后单击"保存"，保存动画的源文件。打开存放文件的文件夹，会看到我们保存的文件，如图 4-14 所示为该文件的图标，其扩展名为 fla。

21）单击菜单"控制"→"播放"命令，或直接按 Enter 键，则动画在设计界面播放。

22）单击菜单"控制"→"测试影片"命令，或按快捷键 Ctrl+Enter，可以看到动画在独立的窗口播放。同时，在与源文件同一个文件夹内，出现另外一个文件名相同、扩展名为 swf 的测试影片文件，如图 4-15 所示为该文件的图标。

图 4-14　保存的动画源文件　　　　图 4-15　测试影片产生 swf 文件

swf 文件是一个动画作品编译生成并可以发布的"动画文件"。如果计算机中安装有 Flash 编辑环境，或安装了 Flash Player 的插件，可以直接播放 swf 文件。swf 文件还可以直接嵌入到网页中进行播放。

 相关知识

知识 1　动画原理

Flash 动画的原理与电影胶片一样，将一系列相似的图画快速地依次显示出来。因为人的眼睛有 0.1 秒的视觉暂留，当画面快速变换时，会感觉物体动起来了。Flash 中一幅静止的画面，称为一帧。"帧"是组成 Flash 动画的基本单位，动画实际上就是连续改变帧内容的过程。

新建一个 Flash 文件，在界面上方可以看到一个由许多小格组成的时间轴面板，如图 4-16 所示。在时间轴上的每一个小方格就是一帧，每一帧都有对应的画面，单击某一帧，在时间轴下面的工作区中显示该帧的画面。在默认状态下，每隔 5 帧进行数字标识，以便于用户计算帧的数目。

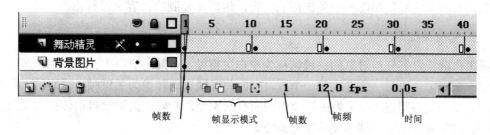

图 4-16　时间轴

知识 2　时间轴面板简介

播放头：在时间轴上有一个红色的指针，称为帧指针或播放头，帧指针所在的帧即是当前帧，在工作区显示当前帧的内容。播放动画时，帧指针会沿着时间轴由左向右移动，顺序播放对应舞台上的内容。

在时间轴的下面有一组反映当前情况的数据：

帧显示模式：提供帧的不同显示方式。

帧数：表示当前帧指针所在的帧。

帧频：表示每秒钟播放的帧数。

时间：表示动画从起始位置到帧指针所在的位置所需播放时间。

知识 3　Flash 帧的类型

1. 空白帧

帧中不包含任何 Flash 对象，相当于一张空白的影片。在图 4-16 中，第 100 帧后的帧均为空白帧。

可以在空白帧上建立其他各种类型的帧。但在空白帧上不能绘制任何图形，如果在空白帧上绘制图形等操作，Flash 将给出错误提示。

2. 关键帧

关键帧就是在动画中起关键性作用的帧，在 Flash 里，只有关键帧中的内容可以修改。

如果关键帧中有对象，称为实关键帧，在时间轴上实关键帧用实心圆点表示；如果关键帧中没有对象，即它的工作区是空白的，称为空白关键帧，空白关键帧用空心的圆点表示。一般地，我们将实关键帧简称为关键帧，在图 4-16 中，第 1、11、21、31、41、51、61、71、81、91 帧为关键帧。

单击某一帧，按快捷键 F6；或右击某一帧，在弹出的菜单中选择"插入关键帧"，均可在该帧插入一个关键帧。新插入的关键帧将复制前一个关键帧的所有内容。如果前后两帧的内容基本相似，则在制作后一关键帧的画面时可以使用"插入关键帧"命令，使新插入的关键帧复制前一个关键帧的内容，然后在复制的内容上进行修改。

3. 空白关键帧

工作区上没有任何对象的关键帧称为空白关键帧。如果在空白关键帧的工作区中添加了一个对象，如画一条直线或一个圆，空白关键帧自动转换为关键帧，时间轴上的空心圆点变为实心圆点；如果将关键帧中的所有对象全部删除，关键帧自动转换为空白关键帧，时间轴上的实心圆点变为空心圆点。

单击某一帧，按快捷键 F7；或右击某一帧，在弹出的菜单中选择"插入空白关键帧"，可在该帧插入一个空白关键帧。如果前后两帧的内容差别很大，没有太多的联系，则在制作后一帧的画面时使用"插入空白关键帧"命令，在空白关键帧上进行全新内容的绘制。

4. 普通帧

普通帧延续前面的关键帧的内容，即与前面关键帧的内容相同。在普通帧上绘画和在它前面的关键帧上绘画效果是一样的。普通帧用一个空白的矩形框表示结束，中间用灰色填充，在图 4-16 中，第 2～10 帧为普通帧。

单击某一帧，按快捷键 F5；或右击某一帧，在弹出的菜单中选择"插入帧"，可在该帧插入一个帧。使用"普通帧"可以将一幅画面延续一段时间。

知识 4　帧显示模式

为了便于动画的制作，Flash 还提供了多种帧显示模式，为动画的制作提供了很好的辅助作用。

1. 滚动到播放头

如图 4-17 所示，单击此按钮，当前帧（播放指针所在的帧）即显示在时间轴的中间。只有当使用的帧数超出时间轴显示的范围后此按钮才有意义。

2. 绘图纸外观

一般状态下，我们只能看到当前帧工作区的内容，如果要同时看到当前帧以及附近帧的内容，则使用此模式。单击"绘图纸外观"按钮，使其按下，该模式有效。这时在时间轴上有两个左右相对的括号，可以用鼠标调整左右括号的位置，如图 4-18 所示。

图 4-17　滚动到播放头

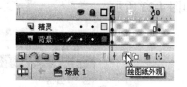
图 4-18　"绘图纸外观"模式

在这种模式下，当前帧的图形正常显示，附近帧的图形以较透明的方式显示，例如，我们在连续的 4 个帧上分别画一个圆，错开各个圆的位置。选择"绘图纸外观"模式，可以同时显示这 4 个帧，如图 4-19 所示。便于观察当前帧与其他各帧图形位置之间的关系。

在"绘图纸外观"模式下，时间轴上的左右括号为显示范围的起始标志和结束标志，可以用鼠标直接拖动起始标志和结束标志改变显示范围，如图 4-20 所示。

第 1 帧（当前帧）　第 2 帧　　第 3 帧　　第 4 帧

图 4-19　"绘图纸外观"模式

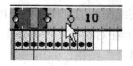

图 4-20　拖动鼠标设置显示范围

3. 绘图纸外观轮廓

在该种模式下，Flash 正常显示当前帧的图形，以图形轮廓方式显示附近帧的图形，单击"绘图纸外观轮廓"按钮，使其按下，该模式有效，如图 4-21 所示。

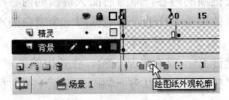

图 4-21 "绘图纸外观轮廓"模式

如图 4-22 所示为"绘图纸外观轮廓"模式下的显示效果图。此模式特别适合观察对象轮廓，可以节省系统资源，加快显示过程。

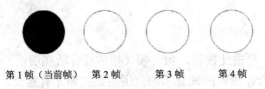

图 4-22 "绘图纸外观轮廓"模式下的显示效果

4. 编辑多个帧

在该种模式下，将当前帧及其附近帧的图形以相同的透明度显示出来，可以对所有显示的对象进行编辑，即同时编辑多个帧。单击"编辑多个帧"按钮，使其按下，该模式有效，如图 4-23 所示。

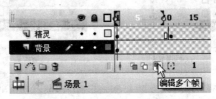

图 4-23 "编辑多个帧"模式

知识 5　导入动画

用户可以使用其他绘图软件制作一组图像连续变化的图片，再将这一组图片导入到 Flash 中自动生成动画。具体步骤如下。

1）单击菜单"文件"→"导入"→"导入到舞台"命令，在弹出的对话框中找到存放连续图片的文件夹，如图 4-24 所示。

2）在对话框文件列表中有一组连续图片 m1.gif～m10.gif，选中第一张 m1.gif，单击"打开"按钮，弹出一个对话框，提示是否导入所有连续图片，如图 4-25 所示。

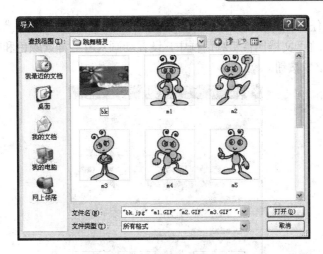

图 4-24　导入命令对话框

图 4-25　弹出的对话框

3）单击"是"按钮，一组连续 10 张的图片自动导入到连续的帧中，即第 1 帧导入 m1.gif 图片，第 2 帧导入 m2.gif 图片，第 3 帧导入 m3.gif 图片……第 10 帧导入 m10.gif 图片。图 4-26 为导入后的时间轴，图 4-27 为以"绘图纸外观"模式显示第 1～3 帧。

图 4-26　导入图片后的时间轴　　　　图 4-27　"绘图纸外观"模式显示

4）单击菜单中"控制"→"播放"命令就可观看精灵手舞足蹈的动画。

练习1　写字

动画效果：模仿书法家书写文字。具体操作步骤如下。

1）单击菜单中"文件"→"新建"命令，或按快捷键 Ctrl+N，打开"新建文档"对话框。

2）在弹出的"新建文档"对话框中，选择"常规"选项卡中的"Flash 文件（ActionScript 2.0）"选项，单击"确定"，新建一个 Flash 文档。

3）在舞台的任意位置右击，在弹出的快捷菜单中选择"文档属性"选项，弹出"文档属性"对话框。在"文档属性"对话框中，设置动画尺寸、背景颜色和帧频，如图 4-28 所示，单击"确定"按钮。

图 4-28 "文档属性"对话框

4）选择绘图工具箱中的"文本工具"，在舞台任意位置单击并输入文字"人"。

5）选择绘图工具箱中的"任意变形工具"，选中刚才输入的文字。通过 8 个控制点将刚才输入的文字放大，与舞台的大小匹配。

6）单击菜单"修改"→"分离"命令，或按快捷键 Ctrl+B，将文字分离成矢量图形，其特征为表面出现很多小点，如图 4-29 所示。

7）右击第 2 帧，在弹出的菜单项中选择"插入关键帧"，或按下快捷键 F6，在第 2 帧增加一个新的关键帧，同时第 2 帧自动复制了第 1 帧的"人"图形。

8）选择绘图工具箱中的"橡皮擦工具"，使用橡皮擦擦除"人"字最后写的一小部分，如图 4-30 所示。

图 4-29 将文字分离成矢量图形 　　　图 4-30 擦除"人"字一小部分

9）重复以上两步，在 3～19 帧插入关键帧，每增加一帧，利用"橡皮擦工具"擦除文字最后写的一小部分，直到全部擦除，时间轴如图 4-31 所示。注意：由于在第 19 帧已将文字全部擦除，舞台上没有图形，所以在时间轴上该帧显示为一个空心圆，表示该帧为"空白关键帧"。

图 4-31 制作完成后的时间轴

10）保证第 1 帧未被选中，在第 1 帧按下鼠标并向后拖动，选中时间轴上的全部帧。右击其中某一帧，在弹出的菜单中选择"翻转帧"，如图 4-32 所示，使前后帧颠倒。

11）单击菜单"控制"→"测试影片"命令或按快捷键 Ctrl+Enter，测试影片，观看动画效果。

12）保存文件，起名"写字"，生成一个扩展名为 fla 的源文件。再次单击菜单"控制"→"测试影片"命令或按快捷键 Ctrl+Enter 测试影片，并自动生成一个扩展名为 swf 的文件。

练习 2 键盘打字效果

动画效果：模仿早期计算机字符界面下的打字效果，每显示一个字母，光标向后移动一个位置。具体操作步骤如下。

1）新建文档，选择"常规"选项卡中的"Flash 文件（ActionScript 2.0）"选项。

图 4-32 "翻转帧"操作

2）单击舞台的任意位置，在"属性"面板上设置文档属性，其中宽为 300 像素，高为 100 像素，背景颜色为黑色，帧频为 10。

3）双击图层面板上的"图层 1"，输入"字母"，按 Enter 键确定。

4）选择绘图工具箱中的"文本工具"，设置字体颜色为白色，在舞台输入文字"Good Morning"，如图 4-33 所示。

图 4-33 舞台中输入文字"Good Morning"

5）选择绘图工具箱中的"任意变形工具"，将刚才输入的文字放大，与舞台大小匹配。

6）单击菜单"修改"→"分离"命令，或按快捷键 Ctrl+B，将文字分离。将英文单词分离成单独的字母，如图 4-34 所示。（注：如果再次执行分离，则会将每个字母分离成矢量图形。）

图 4-34 将单词分离成单独的字母

7）右击"字母"图层的第 2 帧，在弹出的菜单项中选择"插入关键帧"，或单击第 2 帧，按快捷键 F6，在第 2 帧增加一个关键帧，并复制第 1 帧舞台的所有内容。

8）选择绘图工具箱中的"选择工具"，选择最后一个字母"g"，按 Delete 键将其删除，如图 4-35 所示。

图 4-35　删除最后一个字母

9）重复以上两步，依次在第 3～12 帧增加关键帧，每增加一个关键帧，删除其最后的一个字母，直到将所有的字母删除，第 12 帧为空白关键帧。鼠标右击第 14 帧，在弹出的菜单项中选择"插入帧"，或鼠标单击第 14 帧，按下快捷键 F5，添加两个普通帧，使动画延续一段时间，时间轴如图 4-36 所示。

10）单击第 1 帧，按住 Shift 键单击最后帧，选中时间轴上的全部帧，右击其中一帧，在弹出的菜单中选择"翻转帧"。"翻转帧"之后的时间轴如图 4-37 所示。

图 4-36　时间轴设置　　　　　　　　　　　图 4-37　翻转后的时间轴设置

11）单击"图层"面板下方的"插入图层"按钮，增加一个图层"图层 2"，修改图层名称为"光标"，如图 4-38 所示，该图层用来存放光标指针。

图 4-38　增加一个"光标"图层

12）选择"光标"图层的第 1 帧，选择绘图工具箱中的"线条工具"，在其"属性"面板中设置线条的颜色为白色，笔触高度为 3。在舞台的左边，相对于文字的下方，绘制一条白色的短线，如图 4-39 所示。

13）右击"光标"图层第 3 帧，在弹出的菜单中选择"插入关键帧"。

14）右击"光标"图层第 2 帧，在弹出的菜单中选择"插入空白关键帧"。第 2 帧插入空白关键帧的目的是形成光标闪烁效果。

15）右击"光标"图层第 4 帧，在弹出的菜单中选择"插入关键帧"，在该层的第 4 帧插入关键帧，根据下层字母的位置，调整光标的相对位置，如图 4-40 所示。

16）在"光标"图层第 5 帧处"插入关键帧"，根据下层字母的位置，调整光标的相对位置，如图 4-41 所示。

图 4-39　绘制光标　　　图 4-40　光标的位置　　　图 4-41　光标的位置

17）重复以上相同的步骤，在"光标"图层依次插入关键帧，并根据下层字母的位置调整短线的显示位置，直到所有字母完全显示，如图 4-42 所示。

18）最后的时间轴状态如图 4-43 所示。单击菜单"控制"→"测试影片"命令，或按快捷键 Ctrl+Enter，观看动画的播放效果。

图 4-42　光标的位置　　　　　　　　图 4-43　时间轴的最终设置

任务二　滚动的小球

在传统卡通动画的制作过程中，导演首先将剧本分成一个个分镜头，然后由高级动画师确定各分镜头的角色造型，并绘制出一些关键时刻各角色的造型。助理动画师根据这些关键形状绘制出从一个关键形状到下一个关键形状的自然过渡，并完成填色及合成工作。Flash 提供了类似助理动画师的功能，设计人员绘制各关键角色的造型，由计算机根据这些关键形状计算出从一个关键形状到下一个关键形状的过渡形状。这种类型的动画称为渐变动画。

Flash 提供了两种渐变类型：补间动画和补间形状。下面，我们先举例讲解补间动画的制作过程。

动画效果：地平线上，一个小球转动着从左边滚到右边。具体操作步骤如下。

1）新建文档。在弹出的"新建文档"对话框中，选择"Flash 文件（ActionScript 2.0)"选项，单击"确定"，新建一个 Flash 文档。

2）右击舞台的任意位置，在弹出的快捷菜单中选择"文档属性"选项，弹出"文档属性"对话框。设置舞台的宽度为 450 像素，高度为 200 像素，背景颜色为白色，帧频为 12。

3）在"图层"面板上，双击"图层 1"，输入"地平线"，按 Enter 键确定。

4）选择绘图工具箱中的"线条工具"，在属性面板中设置线条的宽度为 5，颜色为黑色。

5）绘制一条与舞台长度相等的黑色长线，如图 4-44 所示。

6）右击"地平线"图层的第 30 帧，在弹出的菜单项中选择"插入帧"，如图 4-45 所示。

图 4-44　绘制地平线　　　　　　　　图 4-45　"地平线"图层的时间轴

7）单击"图层"面板下方的"插入图层"按钮，增加一个图层"图层 2"，修改"图层 2"名称为"小球"，该图层用来存放动画对象。

8）选择绘图工具箱中的"椭圆工具"，在"颜色"面板中设置笔触颜色为无。设置"填充颜色"为放射状的黑白渐变颜色。

9）在舞台中央，按下 Shift 键，同时按下鼠标左键并拖动，在舞台中绘制出一个正圆。

10）选择绘图工具箱中的"颜料桶工具"，单击正圆左上方的位置，调整填充颜色，形成光照效果的小球，如图 4-46 所示。

11）选择绘图工具箱中的"选择工具"，选择"小球"，将小球放置在地平线的左边，如图 4-47 所示。

图 4-46　调整填充颜色　　　　　图 4-47　"小球"图层第 1 帧的位置

12）右击"小球"图层第 30 帧，在弹出的菜单中选择"插入关键帧"。

13）选择绘图工具箱中的"选择工具"，单击"小球"图层第 30 帧，将"小球"调整到"地平线"的右边，如图 4-48 所示。

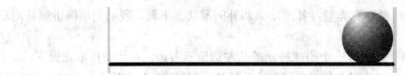

图 4-48　将"小球"放置在右边

14）右击"小球"图层的第 1 帧，在弹出的菜单中单击"创建补间动画"，如图 4-49所示。

图 4-49　选择"创建补间动画"

15）在下方的"属性"面板中，单击"旋转"下拉列表，选择"顺时针"，并在其后出现的"次数"文本框中输入"3"，表示旋转 3 次，如图 4-50 所示。

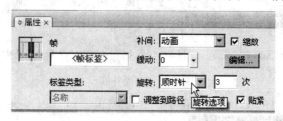

图 4-50 设置旋转的方向和次数

16）设置完成后，图层面板中时间轴状态如图 4-51 所示。

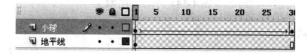

图 4-51 时间轴的状态

17）单击菜单"控制"→"测试影片"命令，或按快捷键 Ctrl+Enter，观看动画播放效果。

 相关知识

知识 1 补间动画的制作步骤

1）在动画开始位置建立一个关键帧，在此关键帧上创建动画对象。

2）在动画结束位置建立第二个关键帧，则第二个关键帧自动复制上一个关键帧的对象。

3）调整第二个关键帧对象的位置、大小、颜色、透明度等。

4）右击开始关键帧，在弹出的快捷菜单中选择"创建补间动画"；或单击开始的关键帧，在属性面板中单击"补间"下拉列表，选择"动画"选项，如图 4-52 所示。

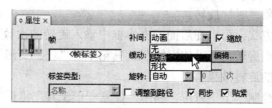

图 4-52 选择"动画"选项

如果在两个关键帧之间建立了补间动画，两个关键帧之间填充为浅蓝色并由箭头连接，如图 4-53 所示。如果两个关键帧之间填充为浅蓝色并由虚线连接，如图 4-54 所示，表示补间不符合要求，两个关键帧之间未能够建立补间动画。不能建立补间动画的原因一般是两个关键帧之间基本形状不相同，例如在已建立好动画补间的一个关键帧上再绘制一个图形，则两个关键帧之间不能建立补间动画。

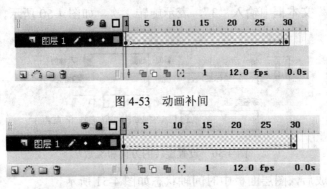

图 4-53　动画补间

图 4-54　不可补间帧

知识 2　图形旋转

Flash 对补间动画提供了一些参数，这些参数可以进一步在细节方面调整动画的运行效果。单击补间动画的起始帧，在"属性"面板显示补间动画的参数，其中一个参数是"旋转"，如图 4-55 所示。"旋转"下拉列表框有"无"、"自动"、"顺时针"、"逆时针"四个选项。它决定对象在补间时如何旋转。

无：表示对象不旋转。

自动：表示对象沿曲线运动时，按曲线路径自动调整它的角度，如图 4-56 所示。

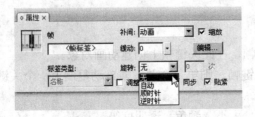

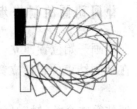

图 4-55　"旋转"下拉列表　　　　　　　　图 4-56　"自动"选项

顺时针：表示对象顺时针旋转。

逆时针：表示对象逆时针旋转。

选择后两种旋转方式，可以在后面的文本框中输入旋转的次数。

对象绕它的中心点旋转，可以使用绘图工具箱中的"任意变形工具"调整对象中心点的位置，实现不同的旋转效果。

例如，在舞台上绘制一个正方形，利用"任意变形工具"将正方形的中心点调整到正方形的下方，如图 4-57 所示。在第 20 帧处插入一个关键帧，然后在第 1～20 帧之间建立补间动画。在属性面板中设置旋转选项为"顺时针"，利用"绘图纸外观"模式观看各帧正方形的位置，如图 4-58 所示。

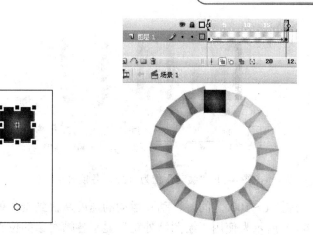

图 4-57　调整正方形的中心点　　图 4-58　"绘图纸外观"显示的旋转路径

知识 3　缓动

补间动画的另一个参数是"缓动"，它可以调节动画变化速率，单击"缓动"右边的 按钮，弹出拉动滑杆，拖动上面的滑块，可设置参数值（如图 4-59 所示），也可以直接在文本框中输入具体的数值。

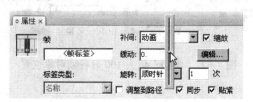

图 4-59　帧属性面板

我们做一个矩形从左向右移动的补间动画，当"缓动"值为 0（默认值）时，补间帧之间的变化速率不变，如图 4-60 所示为使用"绘图纸外观"显示各帧对象的位置。

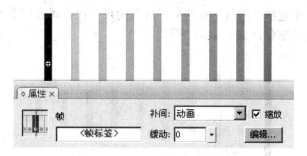

图 4-60　"缓动"值为 0 时各帧对象位置

当"缓动"值在-1～-100 之间时，动画运动的速度从慢到快，朝运动结束的方向加速补间。如图 4-61 所示为使用"绘图纸外观"显示各帧对象的位置，数值越负，动画开始时越慢，结束时越快。

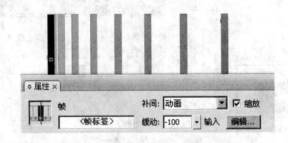

图 4-61 "缓动"值为-100 时各帧对象位置

当"缓动"值在 1～100 之间时，动画运动的速度从快到慢，朝运动结束的方向减慢补间。如图 4-62 所示为使用"绘图纸外观"显示各帧对象的位置，数值越正，动画开始时越快，结束时越慢。

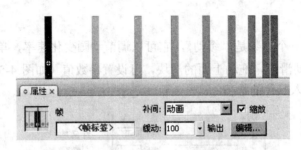

图 4-62 "缓动"值为 100 时各帧对象位置

知识 4 缩放

"缩放"是一个复选框。用来设置过渡过程中对象是否按比例逐渐缩放。

当做一个矩形从左向右移动并逐渐减小的补间动画时，若选择"缩放"复选框，对象的尺寸在补间过程中按比例逐帧缩小，如图 4-63 所示为使用"绘图纸外观"显示各帧对象的大小；若不选择"缩放"复选框，对象的尺寸在补间过程中不缩放，只在最后一帧变为目标对象的形状，如图 4-64 所示。

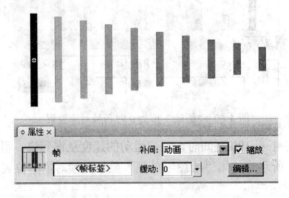

图 4-63 选择"缩放"

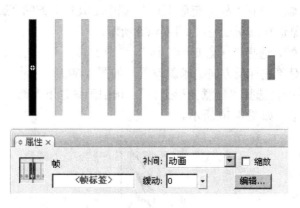

图 4-64 不选择"缩放"

练习 1 飞翔

动画效果：文字"飞"旋转着、变化着在舞台上飞翔。具体操作步骤如下。

1）新建文档。

2）选择绘图工具箱中的"文本工具"，设置字体的颜色为红色、字号为 96，在舞台右上角输入文字"飞"，如图 4-65 所示。

3）右击第 15 帧，在弹出的菜单中选择"插入关键帧"，在该层的第 15 帧增加一个关键帧，并调整"飞"字到舞台的左上角。

图 4-65 输入文字

4）右击第 30 帧，在弹出的菜单中选择"插入关键帧"，并调整"飞"字到舞台的右下角。

5）右击第 45 帧，在弹出的菜单中选择"插入关键帧"，并调整"飞"字到舞台的左下角。

6）在第 60 帧插入关键帧，调整"飞"字到舞台的中央。时间轴如图 4-66 所示。

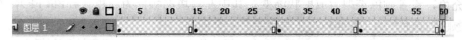

图 4-66 时间轴

7）右击第 1 帧，在弹出菜单中选择"创建补间动画"。在第 1～15 帧建立补间动画。

8）在 15～30 帧，30～45 帧，45～60 帧之间建立补间动画，时间轴如图 4-67 所示。

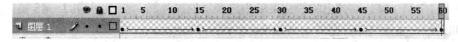

图 4-67 时间轴

9）单击第 1 帧，在"属性"面板中设置旋转为"顺时针"，1 次。

10）单击第 30 帧，选择"任意变形工具"，选中工具栏下方的"旋转与倾斜"按钮，然后对舞台上的对象进行倾斜设置，如图 4-68 所示。

11）单击第 45 帧，选择"任意变形工具"，选中工具栏下方的"旋转与倾斜"按钮，然后对该关键帧的对象进行反方向的倾斜设置，如图 4-69 所示。

12）单击第 60 帧，选择"任意变形工具"，选中工具栏下方的"缩放"按钮，然后放大该关键帧的对象，如图 4-70 所示。

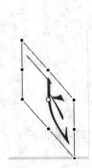 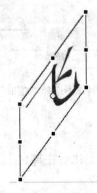 

图 4-68　对文字进行"倾斜"　　图 4-69　对文字进行反方　　图 4-70　放大文字
　　　　　操作　　　　　　　　　　　　向的倾斜操作

13）再次单击菜单"控制"→"测试影片"命令或按快捷键 Ctrl+Enter 测试影片，观看动画效果。

练习2　放气球

1）新建一个 Flash 文档。单击菜单"修改"→"文档"命令，弹出"文档属性"对话框，在"文档属性"对话框中设置"背景颜色"为蓝色（#00FFFF），其他默认，单击"确定"按钮。

2）单击工具箱中的"椭圆工具"，在"颜色"面板中，设置笔触颜色为"无"，选择填充色，设置颜色类型为放射状渐变，其中左滑块的颜色为白色（#FFFFFF），右滑块的颜色为黄色（#CDE04B）。在舞台绘制一个椭圆。

3）单击工具箱中的"铅笔工具"，选择铅笔模式为平滑，在"属性"面板上选择笔触颜色为红色（#FF0000），在椭圆下方画一条弯曲的线，作为气球的绳子，如图 4-71 所示。选中气球和绳子，单击菜单"修改"→"组合"命令，将其组合。

4）右击第 45 帧，在弹出的快捷菜单中选择"插入关键帧"。将气球拖动到舞台的上方工作区中。

5）右击第 1 帧，在弹出的快捷菜单中选择"创建补间动画"，在第 1～45 帧之间建立补间动画，实现气球升空的动画效果，如图 4-72 所示。

6）单击"图层 1"的第 1 帧，右击气球，在弹出的菜单中选择"复制"。

7）单击"图层"面板中的"插入图层"按钮，插入一个新的图层——"图层 2"。

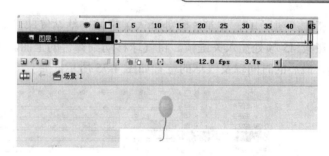

图 4-71　画气球　　　　　　　　　图 4-72　气球升空

8）右击"图层 2"的第 5 帧，在弹出的菜单中选择"插入关键帧"。右击舞台，在弹出的菜单中选择"粘贴"。调整气球位置，如图 4-73 所示。

图 4-73　第 2 个气球

9）在第 45 帧处插入关键帧。将气球移动到舞台的上面。在第 5～45 帧之间建立补间动画。

10）新建"图层 3"，在第 10 帧插入关键帧。粘贴气球，向右调整气球位置。

11）在第 45 帧处插入关键帧。将气球移动到舞台的上面。在第 10～45 帧之间建立补间动画，如图 4-74 所示。

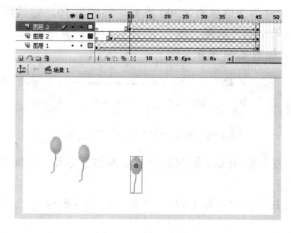

图 4-74　第 3 个气球

12）新建"图层 4"，在第 5 帧处插入关键帧，粘贴气球，向右调整气球位置。

13）在第 45 帧处插入关键帧。将气球移动到舞台的上面。在第 5～45 帧之间建立补间动画。最后的时间轴及气球的位置如图 4-75 所示。

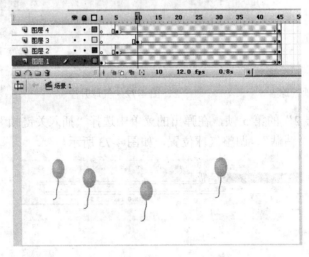

图 4-75　时间轴及气球的位置

14）单击菜单"控制"→"测试影片"命令，观看多个气球依次升空的动画效果。

任务三　善变的面孔

动画效果：一张面孔，时而睁左眼，时而睁右眼，不停的变换着表情。具体操作步骤如下。

1）新建文档。

2）右击舞台的任意位置，在弹出的快捷菜单中选择"文档属性"选项，在"文档属性"对话框中设置尺寸为 300 像素×300 像素，帧频为 10，背景颜色为白色。

3）选择绘图工具箱中的"椭圆工具"，在属性栏中设置笔触颜色为黑色，填充颜色为无，笔触高度为 3，如图 4-76 所示。

图 4-76　设置"椭圆工具"的属性

4）在舞台中央，按下 Shift 键，同时按下鼠标左键并拖动，在舞台中绘制一个正圆，如图 4-77 所示。

5）选择绘图工具箱中的"线条工具"，在圆中绘制三条横线，表示眉毛和嘴巴，如图 4-78 所示。

图 4-77 绘制一个正圆　　　图 4-78 绘制表情

6）分别在"图层 1"的第 10、20、30、40、50、60、70、80 帧处插入关键帧，如图 4-79 所示。

图 4-79 在各位置插入关键帧

7）选择绘图工具箱中的"选择工具"，单击第 10 帧，在舞台空白处单击，撤销对象的全选状态。鼠标移动到左眼的位置，按下鼠标左键向上拖动，将直线调整成圆弧形，如图 4-80 所示。

8）单击第 30 帧，并单击舞台空白处，撤销对象的全选。

9）鼠标移动到右眼的位置，按下鼠标左键向上拖动，将直线调整成圆弧形，如图 4-81 所示。

图 4-80 调整左眼的形状　　　图 4-81 调整右眼的形状

10）单击第 50 帧，并单击舞台空白处，撤销对象的全选。

11）鼠标移动到嘴巴的位置，按下鼠标左键向下拖动，将直线调整成圆弧形，如图 4-82 所示。

12）单击第 70 帧，并单击舞台空白处，撤销对象的全选。

13）鼠标分别向上拖动眼睛，向下拖动嘴巴，将其调整成圆弧形，如图 4-83 所示。

图 4-82 调整嘴巴的形状　　　图 4-83 调整眼睛和嘴巴的形状

14）单击第 1 帧，在下面的属性面板中设置"补间"为"形状"，如图 4-84 所示。

15）右击第 10 帧，在弹出的菜单中选择"创建补间形状"，如图 4-85 所示。

图 4-84 设置补间为"形状"　　　图 4-85 右击菜单选择"创建补间形状"

16）重复上面第 14 或第 15 步，对后面的各关键帧进行设置，最后的时间轴如图 4-86 所示。

图 4-86 最后的时间轴

17）单击菜单"控制"→"测试影片"命令，或按快捷键 Ctrl+Enter，观看动画播放效果。

 相关知识

知识 1 补间形状

补间形状即用形状填补中间变化帧，是 Flash 中非常重要的表现手法之一，它可以变幻出各种奇妙的、不可思议的变形效果。尤其在文字与图形之间的变化上更是有很多的运用。

补间形状的起始关键帧和结束关键帧的图形必须是矢量图形，图形不能组合。选择动画起始关键帧，在属性面板设置补间为"形状"；或右击起始帧，选择"创建补间形状"即可。

知识 2 形状提示点的使用

在补间形状中，当前后图形差异较大时，变形的中间过程会显得乱七八糟。为了更好地控制中间变形，Flash 提供了用于控制变形过程的工具——"形状提示"。

"形状提示"即用户指定图形中的某一点变化后的位置，使形变过程更加明确。提示点越多，形变过程就越详细。

1. 添加形状提示点的方法

下面以一个由"形"字变形为"变"字的变形过渡动画为例，讲解添加"形状提示"点的方法。

1）新建一个文档。

2）单击开始帧，单击菜单"修改"→"形状"→"添加形状提示"命令，该帧的形状上就会增加一个带字母的红色圆圈，即形变提示点，如图 4-87 所示。

3）相应地，在结束帧中也会出现一个同样的提示点，如图 4-88 所示。

图 4-87 添加形状提示后的开始帧   图 4-88 添加形状提示后的结束帧

4）将两个提示点分别放置在适当位置，安放成功后开始帧上的提示点变为黄色，结束帧上的提示点变为绿色，如图 4-89 所示。

5）如果放置的位置不符合系统要求，无法产生形变，提示点颜色不变，如图 4-90 所示。

形 变　　　　　形 变

图 4-89　开始帧与结束帧　　　　　图 4-90　安放不成功时提示点颜色不变

2. 添加形状提示的技巧

可以添加多个"形状提示"点，但最多只能添加 26 个。"形状提示"点只能放在图形的边缘，在调整"形状提示"位置时，可以打开绘图工具选项栏上的"贴紧至对象"按钮 ，当移动"形状提示"点靠近图形的边缘时，"形状提示"点会自动吸附到图形的边缘。也可以放大图形，便于"形状提示"点的摆放。

3. 删除形状提示

右击某一形状提示，在弹出菜单中选择"删除提示"即可删除该形状提示。执行菜单"修改"→"形状"→"删除所有提示"命令，将删除所有的形状提示。

练习1　古诗变换效果

动画效果：以形状渐变的方式，显示杜甫名诗《八阵图》的每一句诗。具体操作步骤如下。

1）新建一个文档。

2）右击舞台的任意位置，在弹出的快捷菜单中选择"文档属性"选项。设置文档大小为 400 像素×200 像素，背景颜色为黑色，帧频为 10。

3）选择绘图工具箱中的"文本工具"，在属性面板上设置字体为隶书，字号为 70。

4）在舞台中单击，输入文字"功盖三分国"，调整文字到舞台的中央，如图 4-91 所示。

5）单击菜单"修改"→"分离"命令，或按快捷键 Ctrl+B，如图 4-92 所示，将文字进行"分离"。分离后的效果如图 4-93 所示。

图 4-91　输入第一句诗　　　　　图 4-92　菜单操作

图 4-93　分离操作一次的效果

6）可以看出经过一次分离后，一段文字分离为独立的文字。再次执行修改菜单"修改"→"分离"命令，分离两次后的效果如图 4-94 所示，此时才将文字变为矢量图形。

7）右击第 10 帧，在弹出的菜单中选择"插入关键帧"。

8）右击第 20 帧，在弹出的菜单中选择"插入空白关键帧"，在舞台上输入第二句诗"名成八阵图"，如图 4-95 所示。选中输入的文字，按快捷键 Ctrl+B 两次，将文字分离。

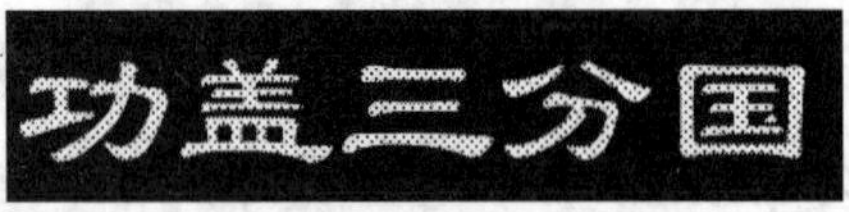

图 4-94　分离两次的效果

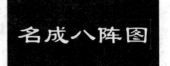

图 4-95　第二句诗

9）在第 30 帧处插入关键帧。

10）在第 40 帧处插入空白关键帧。输入第三句诗"江流石不转"，如图 4-96 所示。按快捷键 Ctrl+B 两次，将文字分离。在第 50 帧处插入关键帧。

11）在第 60 帧处插入空白关键帧，输入第四句诗"遗恨失吞吴"，如图 4-97 所示。按快捷键 Ctrl+B 两次，将文字分离。在第 70 帧处插入关键帧。

图 4-96　第三句诗

图 4-97　第四句诗

12）分别在第 10～20 帧、30～40 帧、50～60 帧之间创建补间形状，按快捷键 Ctrl+Enter 观看动画效果。

练习 2　定点形状渐变效果

动画效果："黑体"的"天"自动变成"隶书"的"天"。具体操作步骤如下。

1）新建文档。设置文档大小为 100 像素×100 像素，背景颜色为白色，帧频为 10。

2）选择"文本工具"，设置字体颜色为黑色，字号为 70，字体为"黑体"，在舞台输入文字"天"，如图 4-98 所示。

3）右击第 20 帧，在弹出的菜单项中选择"插入关键帧"。在属性面板上将字体设置为"隶书"，如图 4-99 所示。

图 4-98　黑体的"天" 　　　　图 4-99　隶书的"天"

4）单击第 1 帧，按快捷键 Ctrl+B，将文字分离。单击第 20 帧，单击菜单"修改"→"分离"命令，将文字分离。

5）右击第 1 帧，在弹出的菜单中选择"创建补间形状"。

6）单击第 1 帧，单击菜单"修改"→"形状"→"添加形状提示"命令，软件自动产生一个红色的"a"，如图 4-100 所示。

7）单击第 1 帧，移动"a"到"天"的左上端，如图 4-101 所示。

图 4-100 添加提示点   图 4-101 第 1 帧移动"a"到左上端

8）选择第 20 帧，移动"a"到"天"的左上端，如图 4-102 所示，如果位置正确，形状提示"a"为绿色。选择第 1 帧，第 1 帧的形状提示点"a"变成黄色。

9）依次增加形状提示点 b、c、d、e、f，如图 4-103 所示。

图 4-102 第 20 帧移到"a"到左上端   图 4-103 添加形状提示点 f

10）按快捷键 Ctrl+Enter，观看动画效果。

作　业

1. 制作写自己名字的动画。

2. 制作鱼儿游动的动画。

3. 制作拍皮球的动画。要求：球上升时速度由快变慢，下落时速度由慢变快。

4. 制作一个立体小球。要求球从舞台的左侧滚动到舞台的右侧。注意：小球滚动时，阴影也要随之移动。

5. 制作一个开门的形变动画，效果如图 4-104 所示。

图 4-104 开门

6. 制作一个变形文字动画。最终的效果为：三个颜色不同的气球由场景下方慢慢升起，到达场景中央时气球形变为"欢迎你"三个字。

项目五

引导图层与遮罩图层

知识目标

◆ 理解遮罩图层的概念，创建遮罩图层
◆ 理解引导图层的概念，创建引导图层

技能目标

◆ 利用遮罩层和引导层制作复杂动画

任务一　探　照　灯

动画效果：一个圆从左向右移动，在圆范围内的文字被显示，表现出探照灯效果，最后灯光照耀面积逐渐扩大，文字也逐渐全部展现出来。具体操作步骤如下。

1）新建一个空文档，设置文档属性：大小为 700 像素×200 像素，背景色为蓝色，保存文件名为"探照灯"。

2）选择"文本工具"，在属性面板中设置字体为 Arial，字号为 77，然后在舞台中输入"Welcom to Flash"，如图 5-1 所示。

图 5-1　文本输入后的舞台效果

3）单击图层名称栏左下角的"插入图层"按钮，新建一个图层。选中新建的"图层 2"，选择绘图工具箱中的"椭圆工具"，在属性面板上设置笔触颜色为无，填充颜色任意，在舞台上画一个圆，使圆的直径略大于"图层 1"中文字的高度，放置在文字的左面，如图 5-2 所示。

图 5-2　在"图层 2"中画的圆覆盖在"图层 1"的上面

4）选择"图层 1"，右击其第 100 帧，在弹出的快捷菜单中选择"插入帧"。选择"图层 2", 右击其第 40 帧, 在弹出的快捷菜单中选择 "插入关键帧", 单击 "选择工具", 将圆拖到舞台的右侧, 如图 5-3 所示。

图 5-3　在 "图层 2" 的第 40 帧, 将圆移到舞台的右侧

5）右击 "图层 2" 的第 1 帧, 在弹出的快捷菜单中选择 "创建补间形状", 动画效果为 "圆" 从舞台左侧运动到右侧, 如图 5-4 所示。

图 5-4　"圆" 从舞台左侧运动到右侧

6）右击 "图层 2" 的第 60 帧, 在弹出的快捷菜单中选择 "插入关键帧"。单击 "选择工具", 将圆拖到舞台中间, 右击第 40 帧, 在快捷菜单中选择 "创建补间形状"。使 "圆" 从舞台的右侧运动到中间。

7）在第 65 帧处插入关键帧, 目的是使 "圆" 在舞台中间停留 5 帧时间。

8）在第 90 帧处插入关键帧, 单击 "任意变形工具", 将圆变成如图 5-5 所示的形状, 使圆完全覆盖 "图层 1" 中的字母。

9）在第 65 帧与第 90 帧之间创建补间形状; 在第 100 帧插入帧。

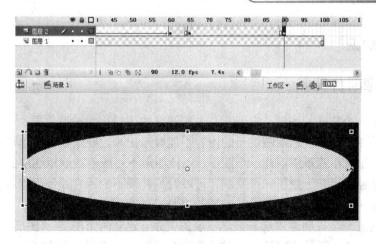

图 5-5 在"图层 2"的第 90 帧处将圆变形并覆盖所有文字

10）右击"图层 2"，在弹出的快捷菜单中选择"遮罩层"选项，如图 5-6 所示。

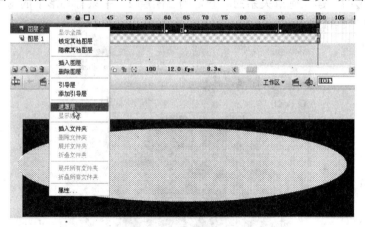

图 5-6 将"图层 2"遮罩"图层 1"

11）"图层 2"与"图层 1"之间形成遮罩与被遮罩的关系，最后形成如图 5-7 所示的界面。

图 5-7 最后的界面

相关知识

知识 1　遮罩层的概念

　　遮罩层是一个特殊的图层，它下面与之相联系的图层称为被遮罩层。遮罩层将遮挡被遮罩图层的图形，使被遮罩图层上的内容不能显示出来，好像是在被遮罩图层上面拉了一个幕布。如果在遮罩层创建一个图形，则该图形下对应的被遮罩图层的内容就可以显示出来，好像是幕布上挖了一个孔洞，可以看见孔洞下的内容。使用遮罩层可以控制图层中需要显示和需要遮住的部分，获得许多特殊的显示效果。

　　下面举例进一步说明遮罩层和被遮罩层的关系。建立两个图层，"图层 1"的内容为一个心形，如图 5-8 所示，"图层 2"的内容为导入的一个图片，如图 5-9 所示。当它们都是普通图层时，上层图像将遮挡下层图像，如图 5-10 所示。当将"图层 1"设为遮罩层，并与"图层 2"建立遮罩关系的时候，则"图层 2"中只有心形下的内容显示出来，其显示效果如图 5-11 所示。

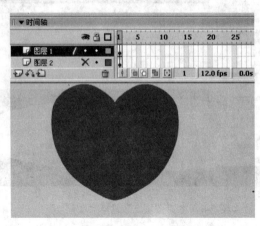

图 5-8　"图层 1"的内容

图 5-9　"图层 2"的内容

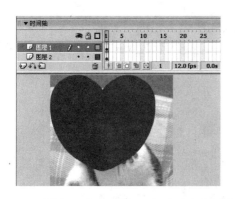 

图 5-10 "图层 1"与"图层 2"没有建立遮罩关系时　　图 5-11 "图层 1"遮罩"图层 2"

知识 2　创建和取消遮罩层

1. 创建遮罩层

右击某一图层，在弹出菜单中选取"遮罩层"选项，如图 5-12 所示，这时该图层成为遮罩层，其相邻的下层成为被遮罩层。

2. 取消图层的遮罩属性

创建遮罩以后，遮罩层和被遮罩层就被锁定，无法编辑。如果要对它们进行编辑，就需要将它们解锁。具体操作方法如下：

右击遮罩层，弹出快捷菜单，可以看到"遮罩层"选项前有"√"。单击"遮罩层"选项，如图 5-13 所示，取消遮罩属性。

图 5-12 右击选取"遮罩层"选项　　图 5-13 右击选取"遮罩层"，取消遮罩属性

练习 1　百叶窗

动画效果：四张马匹图片按不同的方式相互切换显示，形成百叶窗效果。

1）新建一个空白文档，保存文件名为"百叶窗"，设置文档属性为大小 550 像素×400 像素，背景为白色。

2）单击菜单"文件"→"导入"→"导入到库"命令，弹出"导入到库"对话框，如图 5-14 所示。单击"马 1"，再按住 Shift 键，单击"马 4"，再单击"打开"，将"马1"、"马 2"、"马 3"、"马 4"四张图片导入到库。

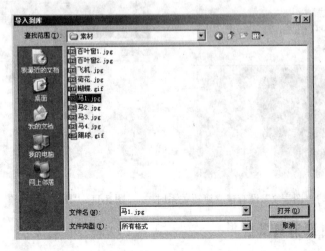

图 5-14　"导入到库"对话框

图 5-15　"库"面板

3）按快捷键 Ctrl+L，打开"库"面板，如图 5-15 所示，将图片"马 1"拖入舞台，调整图片大小，使其覆盖整个舞台。右击其第 20 帧，在弹出的菜单中选择"插入帧"。

4）单击图层面板左下角的新建按钮，如图 5-16 所示，新建"图层 2"。右击"图层 2"的第 10 帧，在弹出的快捷菜单中选择"插入关键帧"，从"库"面板中拖入图片"马 2"到舞台上，调整图片大小与舞台等大。右击其第 40 帧，在弹出的菜单中选择"插入帧"。

5）新建"图层 3"，右击第 10 帧，在弹出的快捷菜单中选择"插入关键帧"，选择"矩形工具"，在舞台的左边画一个细长矩形，如图 5-17 所示。

图 5-16　"插入图层"按钮

图 5-17　在舞台左边画一个细长矩形

6）在第 20 帧处插入关键帧，选择"任意变形工具"，调整矩形大小使其覆盖整个舞台，如图 5-18 所示。

图 5-18 矩形覆盖整个舞台

7）右击第 10 帧，在弹出的菜单中选择"创建补间动画"。右击图层面板中的"图层 3"，在弹出菜单中选则"遮罩层"选项，使"图层 3"遮罩"图层 2"。

8）新建"图层 4"，在该图层第 30 帧处插入关键帧。从"库"面板中拖入图片"马 3"到舞台上，调整图片大小与舞台相等。在第 60 帧处插入帧。

9）新建"图层 5"，在该图层第 30 帧处插入关键帧。选择"矩形工具"，在舞台的上方画一条窄矩形，如图 5-19 所示。

图 5-19 在舞台上方画一条窄矩形

10）在第 40 帧处插入关键帧，选择"任意变形工具"，将矩形变大并覆盖整个舞台。在第 30 帧与第 40 帧之间创建形状补间动画。

11）右击图层面板中的"图层 5"，在弹出菜单中选择"遮罩层"选项，使"图层 5"遮罩"图层 4"。

12）新建"图层 6"，在第 50 帧处插入关键帧，从"库"面板中拖入图片"马 4"到舞台上，调整图片大小与舞台相等，在第 70 帧处插入帧。

13）新建"图层 7"，在第 50 帧处插入关键帧，选择"矩形工具"，画一个竖直的窄矩形，放在舞台右侧。

14）在第 60 帧处插入关键帧，选择"任意变形工具"，将矩形变大并覆盖整个舞台。在第 50 帧与第 60 帧处之间创建形状补间动画。

15）右击图层面板中的"图层 7"，在弹出的菜单中选择"遮罩层"选项，使"图层 7"遮罩"图层 6"。制作完成后的时间轴如图 5-20 所示。

16）按快捷键 Ctrl+Enter 测试影片，观看动画效果。

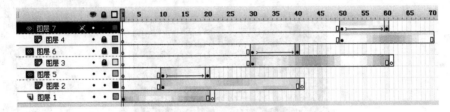

图 5-20　时间轴

练习 2　放 大 镜

动画效果：放大镜在文字上移动，放大镜里的文字被放大，放大镜以外的文字没有变化，如图 5-21 所示。

图 5-21　放大镜效果展示

1）新建一个空白文档，保存文件名为"放大镜"，在舞台空白位置单击，在"属性"面板上设置文档大小为 400 像素×300 像素，背景为白色。

2）选择"文本工具"，在"属性"面板上设置字体为 Arial，字号为 60，颜色为黑色，字符间距为 20。在舞台上单击，输入文字"FLASH"。

3）双击"图层 1"，将其改名为"文字 1"。

4）新建"图层 2"，改名为"遮罩层"。选择椭圆工具，在"属性"面板上设置笔触颜色为黑色，笔触高度为 5，填充颜色为白色，在文字上方画一个正圆；再选择"直线工具"，设置笔触高度为 8，在圆的右下方绘制一条比较粗的直线，作为放大镜的柄，如图 5-22 所示。

图 5-22　画一个放大镜

5）单击放大镜的白色内圆，单击菜单"编辑"→"复制"命令。

6）新建"图层 3"，单击菜单"编辑"→"粘贴到当前位置"命令，将白色的圆粘贴到相同的位置。双击该图层，将图层更名为"放大镜"。

目前时间轴面板上显示了 3 个图层，分别是"文字 1"、"遮罩层"、"放大镜"。"文字 1"图层的作用是显示没有放大时的文字，"遮罩层"的作用是在放大镜放大文字的同时将"文字 1"图层上的小文字遮住，"放大镜"图层的作用是展示放大镜。此时的图层如图 5-23 所示。

7）新建"图层 4"，将其拖到图层的最上端，更名为"文字 2"。选择"文本工具"，在"属性"面板上设置字体为 Arial，字号为 80，颜色为黑色，字符间距 6，然后在舞台中间输入"FLASH"，使"文字 2"中的文字与"文字 1"中的文字相对一致，如图 5-24 所示。

图 5-23　各图层及其顺序　　　　　　　图 5-24　输入被放大的文字

8）新建"图层 5"，将其拖到图层的最上端，更名为"遮罩"。选择"放大镜"图层，选择放大镜中间的填充，单击菜单"编辑"→"复制"命令，选择"遮罩"图层，单击菜单"编辑"→"粘贴到当前位置"命令，使"遮罩"层的圆放置在"放大镜"内。

9）在"文字 1"、"文字 2"图层的第 60 帧处插入帧。

10）右击"遮罩"图层的第 30 帧，在弹出的菜单中选择"插入关键帧"。分别在"放大镜"、"遮罩层"图层的第 30 帧插入关键帧。

11）选择"放大镜"图层的第 30 帧，将"放大镜"拖动到文字的右侧。依次将"遮罩"和"遮罩层"第 30 帧的圆拖到文字的右侧，与"放大镜"中的圆重合。右击"放大镜"图层的第 1 帧，在弹出的菜单中选择"创建补间形状"，在第 1 帧与第 30 帧之间创建补间动画。在"遮罩"和"遮罩层"的第 1～30 帧之间创建补间动画，如图 5-25 所示。

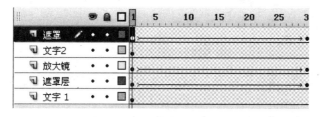

图 5-25　创建补间动画

12）在"放大镜"的第 60 帧处插入关键帧，将"放大镜"拖动到文字的左侧。依次在"遮罩"和"遮罩层"的第 60 帧处插入关键帧，将其中的圆与"放大镜"中的圆重合。

13）在"放大镜"、"遮罩"、"遮罩层"的第 30~60 帧之间建立补间动画，如图 5-26 所示。

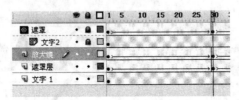

图 5-26 在第 30～60 帧建立补间动画

14）右击"遮罩"图层，在弹出的快捷菜单中选择"遮罩层"命令，完成后的图层如图 5-27 所示，按快捷键 Ctrl+Enter 测试影片。

图 5-27 最后的图层

任务二 飞行的飞机

动画效果：飞机沿着曲线方向飞行。具体效果如图 5-28 所示。

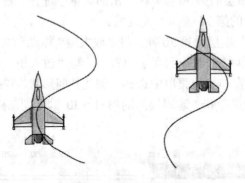

图 5-28 飞机飞行的效果

1）新建空白文档，保存文件为"飞行的飞机"，设置文档属性为大小 550 像素×400 像素，背景为白色。

2）单击菜单"文件"→"导入"→"导入到舞台"命令，打开"导入"对话框，选择图片"飞机"，单击"确定"将图片"飞机"导入到舞台。

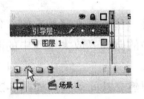

3）单击图层面板左下角的"添加运动引导层"按钮，系统自动为图层 1 添加"引导层"，如图 5-29 所示。

4）选中"引导层"的第 1 帧，选择"铅笔工具"，在选项栏中选择模式为"平滑"，在舞台上画一条飞机飞

图 5-29 添加"引导层"

行的曲线，这条曲线称为"引导线"。

5）单击"图层 1"的第 1 帧，选择舞台上的飞机，拖动飞机，将飞机的中心点拖到引导线的开始端，如图 5-30 所示。

6）右击"引导层"的第 30 帧，在弹出的菜单中选择"插入帧"。右击"图层 1"的第 30 帧，在弹出的菜单中选择"插入关键帧"。拖动飞机，将飞机中心点拖到引导线的末端，如图 5-31 所示。

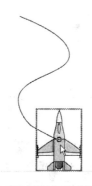
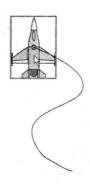

图 5-30　拖动飞机图片到引导线开始端　　　图 5-31　拖动飞机图片到引导线末端

7）右击"图层 1"的第 1 帧，在弹出的菜单中选择"创建补间动画"，在第 1～30 帧之间创建补间动画。按快捷键 Ctrl+Enter 测试影片，可以看到飞机沿着引导线飞行。

 相关知识

知识 1　引导层的概念

用 Flash 可以非常轻松地建立直线运动，而制作一个曲线运动的动画就需要使用引导层。使用引导层可以使制作者轻松完成各种曲线运动的动画。在运动引导层中只应该放置路径，填充的对象对引导层没有任何影响，运动引导层中的轨迹在最终影片中是不可见的。

创建引导层的方法很简单，只需在图层名称栏的左下方单击"添加运动引导层"按钮，即可创建一个引导层。或者右击图层名称栏，在弹出的菜单中选取"属性…"选项，弹出"图层属性"对话框。在"图层属性"对话框的"类型"中选择"引导层"，如图 5-32 所示。需要注意的是，引导层必须建立在被引导层之上。

图 5-32　"图层属性"对话框

知识 2　其他图层与引导层建立连接

如果其他图层要沿着引导层的轨迹运动，必须与引导层建立连接。具体操作步骤如下。

1）在图层名称栏中选取要被引导的图层，即"目标层"，如图 5-33 所示。

图 5-33　选取"目标层"

2）拖动该层到引导层的下方，出现暗灰色线后释放鼠标，如图 5-34 所示。"目标层"被连接到了运动引导层上，如图 5-35 所示。

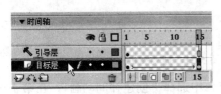

图 5-34　拖动"目标层"　　　　　　图 5-35　"目标层"与"引导层"建立连接

知识 3　取消与引导层的连接

被引导图形要脱离引导层的运动轨迹，就要取消与引导层的连接关系。具体操作步骤如下。

1）选择要取消连接的图层。

2）拖动该图层，移动到引导层的上面，如图 5-36 所示，然后释放鼠标，此图层就取消了与引导层的连接，如图 5-37 所示。

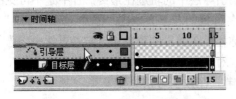
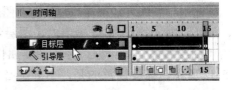

图 5-36　"目标层"的相对位置　　　　　图 5-37　"目标层"与"引导层"取消连接

练习 1　回家路上

动画效果：放学后，小男生沿着弯曲的小路踢着足球回家。具体制作步骤如下。

1）新建一个文件，设置文档属性大小为 550 像素×400 像素，背景色为#A4C1FF（天蓝色）。

2）选择"矩形工具"，在"属性"面板中设置笔触为无，填充颜色任意，在舞台上画一个矩形框。单击"选择工具"，选择绘制的矩形，在"属性"面板上设置矩形的宽为550，高为180，X为0，Y为220，将矩形放在舞台的下方。

3）选择"颜料桶工具"，单击菜单"窗口"→"颜色"命令，打开"颜色面板"。在"颜色"面板中选择类型为"线性"，单击左边的滑块，设置颜色代码为"#D1EB69"；再单击右边的滑块，设置颜色代码为"#6A9A21"。如图5-38所示，将"颜料桶工具"放在矩形上边，按住鼠标左键向下拖动，对矩形填充渐变色。

4）单击"选择工具"，将矩形边缘拉成弧线，形成一个草地颜色的渐变效果，如图5-39所示。

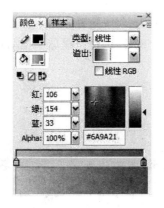

图5-38 "颜色"面板　　　　　图5-39 渐变色的草地

5）新建"图层2"。选择"铅笔工具"，选择铅笔模式为"平滑"，线条颜色为白色，在舞台上画出一个弯曲的封闭曲线——路。选择"颜料桶工具"，在"颜色"面板中设置颜色为#DC985A，在封闭曲线内单击，填充颜色，形成一条"路"，如图5-40所示。

6）新建"图层3"，单击菜单"文件"→"导入"→"导入到舞台"命令，打开"导入"对话框，单击"踢球.gif"文件，将其导入到舞台。将"踢球"缩放到适合的大小，单击"任意变形工具"，将中心点移到球底部，如图5-41所示。

图5-40 草地上的弯曲小路　　　　　图5-41 设置中心点

7）单击"图层3"，单击左下角的"添加运动引导层"按钮，如图5-42所示，为"图层3"添加引导层。

8）单击引导层的第1帧，选择"铅笔工具"，在路中间画一条平滑的曲线，如图5-43所示。

图 5-42　添加引导层　　　　　　　　　　　　图 5-43　引导线

9）在"图层 1"、"图层 2"以及"引导层"的第 80 帧处均插入帧，在"图层 3"的第 80 帧处插入关键帧。

10）选中"图层 3"的第 1 帧，单击"选择工具"，将"踢球"的中心点拖到引导线的起点位置，如图 5-44 所示。单击"图层 3"的第 80 帧，将"踢球"拖动到引导线的终点，如图 5-45 所示。

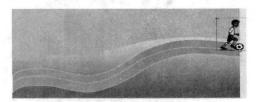

图 5-44　"踢球"的起点　　　　　　　　　　图 5-45　"踢球"的终点

11）在"图层 3"的第 1～80 帧之间创建补间动画，按快捷键 Ctrl+Enter 观看动画效果。

练习 2　蝴蝶飞舞

动画效果：一只蝴蝶在荷塘中翩翩飞舞。

1）新建文档，保存文件为"蝴蝶飞舞"，设置文档属性为大小 550 像素×400 像素，背景为白色。

2）单击菜单"文件"→"导入"→"导入到舞台"命令，打开"导入"对话框，选择"荷花"图片，单击"确定"导入图片。调整图片的大小和位置，使图片覆盖整个舞台。

3）新建"图层 2"，将图片"蝴蝶"导入到舞台。选择"任意变形工具"，将蝴蝶缩放到大小合适并调整角度，如图 5-46 所示。

图 5-46　调整蝴蝶大小及角度

4）单击"图层"面板上的"添加运动引导层"按钮，为"图层2"添加引导层。选择"铅笔工具"，选择平滑模式，在舞台上画出蝴蝶飞舞的曲线，如图5-47所示。

图5-47　绘制引导线

5）在"引导层"、"图层1"的第70帧处插入帧，在"图层2"的第70帧处插入关键帧。

6）单击"图层2"的第1帧，将蝴蝶拖动到引导线的开始端；单击第70帧，将蝴蝶拖动到引导线的末端。右击第1帧，在弹出的菜单中选择"创建补间动画"。其图层及时间轴如图5-48所示。

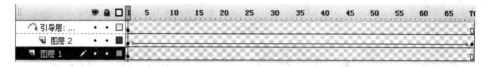

图5-48　图层及时间轴

7）按快捷键Ctrl+Enter测试影片，会发现蝴蝶有时会倒退着飞行。这是由于曲线不是一直向前的，有回退方向的路径，因此产生了可笑的动画效果。应该让蝴蝶按照路径调整自己的角度：选中"图层2"的第1帧，打开"属性"面板，选中"调整到路径"复选框，如图5-49所示。

图5-49　调整到路径

8）按快捷键Ctrl+Enter测试影片，观看动画效果。

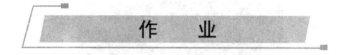

作　业

1. 图片文字。

舞台上显示一行文字，文字内部是滚动的图片。效果如图5-50所示。

图 5-50　图片文字

2. 展开画卷。

卷轴开始向左滚动，随着卷轴的滚动，画卷慢慢展开。动画效果如图 5-51 所示。

图 5-51　展开画卷

3. 小鸭戏水。

一群小鸭在水里畅快地游来游去。动画效果如图 5-52 所示。

图 5-52　小鸭戏水

4. 花落缤纷。

桃花花瓣从桃树上纷纷飘落，形成花落缤纷的效果。动画效果如图 5-53 所示。（提示：用多个引导层引导多个花瓣，错开多个花瓣的下落时间，形成缤纷效果。）

图 5-53　花瓣飘落

项目六

元件和实例

知识目标

- 理解元件和实例的概念
- 熟练掌握影片剪辑元件的制作，理解影片剪辑元件与图形元件的区别
- 熟练掌握按钮元件的制作，掌握各种类型转换方法

技能目标

- 利用元件和实例，结合前面所学的内容，制作复杂的动画

在 Flash 中，元件是一种可以重复使用的图像、动画或按钮，它们保存在元件库中。而实例则是元件在舞台上的一次具体使用，是位于舞台上或嵌套在另一个元件内的元件副本。

任务一　生　日　蜡　烛

下面我们制作一个"生日蜡烛"的贺卡动画，来说明创建图形元件和实例的基本步骤。

动画效果为：在一圈燃烧的蜡烛中央，"生日快乐"四个字在不断变化着大小，表达我们对朋友的生日祝福。动画包含"烛焰"、"烛身"和"生日快乐"三个元件。具体操作步骤如下。

1）新建 Flash 文档。单击菜单"修改"→"文档"命令，弹出"文档属性"对话框，在"文档属性"对话框中设置"背景颜色"为黑色，其他默认，单击"确定"按钮。

2）制作"烛焰"元件。单击菜单"插入"→"新建元件"命令，或按快捷键 Ctrl+F8，弹出"创建新元件"对话框，如图 6-1 所示。输入元件的名称为"烛焰"，选择元件类型为"图形"。单击"确定"，进入"元件"编辑模式。

3）此时元件的名字出现在编辑区的左上角，如图 6-2 所示。在窗口的中心有一个十字，它是元件的注册点，元件编辑区的坐标原点。

图 6-1　"创建新元件"对话框

图 6-2　元件名及注册点

4）单击工具箱中的"椭圆工具"，在舞台上绘制一个椭圆。单击绘图工具箱中的"油漆桶工具"，在"颜色"面板中，设置笔触颜色为"无"。选择填充色，设置颜色类型为线性渐变，如图 6-3 所示，其中左滑块的颜色为白色（#FFFFFF），右滑块的颜色为黄色（#E0E027）。从椭圆中心向下拖动鼠标，对椭圆进行填充，使黄色部分在下方，如图 6-4 所示。

5）使用绘图工具箱中的"任意变形工具"、"选择工具"，调整椭圆为如图 6-5 所示的图形。单击"绘图工具箱"中的"线条工具"，设置笔触颜色为黑色，画一条黑色的短线，将短线放在椭圆的底部，烛焰制作完毕。

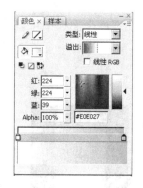

图 6-3 元件"烛焰"的颜色设置　　　图 6-4 从椭圆中心向下拖动鼠标

图 6-5 调整椭圆为烛焰形状

6）单击菜单"窗口"→"库"命令，打开元件"库"面板，可以看到元件库中生成一个新元件"烛焰"，如图 6-6 所示。

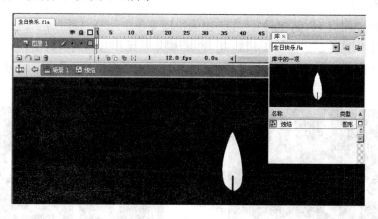

图 6-6 "库"面板

7）制作"烛身"元件。单击菜单"插入"→"新建元件"命令，弹出"创建新元件"对话框，输入元件的名称为"烛身"，选择元件类型为"图形"，单击"确定"。

8）选择绘图工具箱中的"矩形工具"，在"颜色"面板中，设置笔触颜色为"无"。选择填充色，设置颜色类型为线性渐变，如图 6-7（a）所示，其中左、右滑块的颜色为粉红色（#BA392C），中间的滑块的颜色为白色（#FFFFFF）。用矩形工具在舞台上绘制一个矩形，如图 6-7（b）所示，烛身制作完毕，在"库"面板中可以看到生成一个新元件。

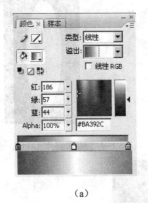

（a）　　　　　　　　　　　　（b）

图 6-7　烛身

9）制作"生日快乐"元件。单击菜单"插入"→"新建元件"命令，输入元件的名称为"生日快乐"，选择元件类型为"图形"，单击"确定"。

10）单击绘图工具箱中的"文本工具"，在"属性"面板上设置字体颜色为红色，字体大小为 18，字体类型为黑体。用文本工具在舞台上书写"生日快乐"四个字，"生日快乐"制作完毕，打开"库"面板可以看到生成一个新元件"生日快乐"。

完成元件的制作后，可以看到"库"中存了三个新元件："烛焰"、"烛身"和"生日快乐"。单击左上角的"场景 1"，退出元件编辑窗口。

11）单击"图层 1"第 1 帧，将"烛焰"、"烛身"从"库"中拖到舞台上，并摆放成如图 6-8 所示的圆形。

12）右击"图层 1"第 20 帧，在弹出的快捷菜单中选择"插入帧"。

13）新建"图层 2"，在第 1 帧处将"生日快乐"元件拖入到舞台上，并放在蜡烛组成的圆形的中间，如图 6-9 所示。选中"生日快乐"，在"属性"面板上将颜色的 Alpha 值调成 50%。

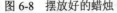

图 6-8　摆放好的蜡烛　　　　　　图 6-9　将"生日快乐"放在蜡烛圆形的中间

14）分别在"图层 2"的第 10 帧和第 20 帧处插入关键帧。

15）单击第 10 帧，选中"生日快乐"，在"属性"面板上将颜色的 Alpha 值调成 100%。单击"任意变形工具"，将"生日快乐"放大为原来的两倍。

16）右击"图层 2"第 1 帧，在弹出的快捷菜单中选择"创建补间动画"。右击"图层 2"第 10 帧，在弹出的快捷菜单中选择"创建补间动画"。制作完成后的时间轴如图 6-10 所示。单击菜单"控制"→"播放"命令，观看"生日蜡烛"贺卡的动画效果。

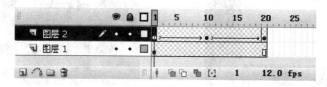

图 6-10 最终的时间轴

 相关知识

知识 1 元件

元件是一个可以重复利用的单位，它保存在 Flash 的元件库中。它只需创建一次，就可以在动画中反复使用。元件可以由任意对象组成，可以是绘制的图形、导入的位图或声音，还可以是另一个动画。Flash 中有三种元件类型：图形元件、按钮元件、影片剪辑元件。单击菜单"插入"→"新建元件"命令，弹出"创建新元件"对话框，如图 6-11 所示，在弹出的对话框中输入元件名称，选择元件的类型，单击"确定"可进入元件编辑状态，制作元件。

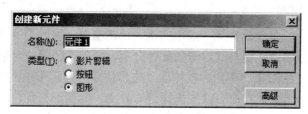

图 6-11 "创建新元件"对话框

知识 2 实例

实例是元件在工作区中的具体表现，或者说是元件的引用。如果将库中的一个元件拖入到工作区中，我们就称在工作区中建立了此元件的一个实例。可以将元件多次拖入到工作区，建立此元件的多个实例。

实例是指向元件的一个指针，而不是元件的具体数据，多次创建一个元件的实例时可以明显减小文件的尺寸。

如果修改了元件，该元件的所有实例均会随之改变，退出元件的编辑状态后，系统自动更新所有该元件的实例。例如，在前面"生日快乐"的动画中，双击"库"面板中的"烛身"，进入"烛身"元件编辑状态，使用"任意变形工具"将矩形加宽，如图 6-12 所示。单击舞台左上角的"场景 1"，退出元件编辑状态，可以看到舞台上的所有"烛身"实例均加宽了，如图 6-13 所示。

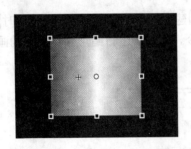

图 6-12　将矩形加宽

图 6-13　所有"烛身"均加宽了

　　每一个实例作为一个整体，可以进行独立的缩放和旋转，同样在"生日快乐"的动画中，我们可以缩放左面的实例，但不影响其他实例的状态，如图 6-14 所示。每一个实例都有其自身的"颜色"属性，可以在"属性"面板中进行设置，"颜色"属性包括亮度、色调和 Alpha 选项，如图 6-15 所示。

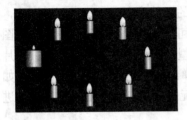

图 6-14　将其中一个"烛焰"实例变大

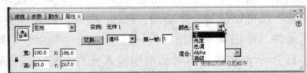

图 6-15　"颜色"属性选项

　　也可以将实例与元件脱离联系，选中实例，单击菜单"修改"→"分离"命令或按快捷键 Ctrl+B，可以将此实例与其对应的元件分离，即工作区中的对象不再与元件存在关联，成为一个独立的对象。例如，在前面"生日快乐"的例子中，选中左面的烛身，单击菜单"修改"→"分离"命令或按快捷键 Ctrl+B，此图形与元件分离，变为一个独立图形，这时即可使用选择工具修改它的形状，如图 6-16 所示。

图 6-16　修改分离图形的形状

知识 3　库面板操作

　　库面板是管理元件的主要工具，所有的元件都存放到元件库中，导入的素材也均会出现在库面板内，单击菜单"窗口"→"库"菜单或者按快捷键 Ctrl+L，打开"库"面板，如图 6-17 所示。下面讲解库面板的操作方法。

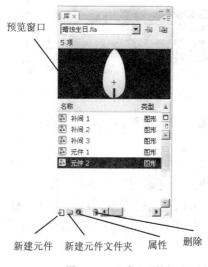

图 6-17 "库"面板

1）预览窗口：当在"库"面板中选择一个元件后，预览窗口中显示出该元件内容的缩略图。

2）新建元件：单击新建元件按钮 ，将弹出"创建新元件"对话框。

3）编辑元件：在库窗口的列表框中双击元件的图标，即可进入元件的编辑状态。

4）元件重命名：双击元件的名称，文件名处于编辑状态，如图 6-18 所示，输入新名称后按 Enter 键确认。

5）新建元件文件夹：对元件较多的库，可以建立不同类别的文件夹，进行管理。单击"库"面板下边的新建文件夹按钮 ，产生一个新元件文件夹，默认文件夹名为"未命名文件夹 1"，输入新文件夹的名称，按 Enter 键确定，如图 6-19 所示。可以用鼠标将元件拖动到指定文件夹，也可以将元件拖出文件夹。

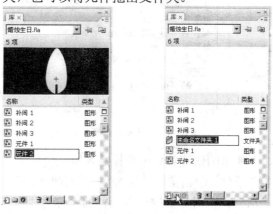

图 6-18 元件重命名　　图 6-19 新建元件文件夹

6）修改元件属性：选中一个元件，单击元件属性按钮 ，出现如图 6-20 所示对话框，在对话框中可以更改元件的名称和类型。

图 6-20 "元件属性"对话框

7）删除元件：选中元件后，单击删除按钮▣，或者将元件拖到删除按钮▣中均可删除该元件。

8）使用其他文件中的元件：在当前文件中也可以使用其他 Flash 文件的某个元件，这项功能极大地增强了元件的共享性，同时也提高了工作效率。

使用其他文件中的元件的方法是：打开要调用的文件，打开该文件的"库"，将所需要用的元件拖曳到当前文件的工作区中，该元件就会自动添加到当前文件的"库"中了。

练习 1　风车

动画效果：在蓝天白云的背景下，风车自由地旋转。具体操作步骤如下：

1）新建 Flash 文档。

2）单击菜单"文件"→"导入"→"导入到舞台"命令，弹出"导入"对话框，选择背景图片，单击"确定"按钮。将图片导入到舞台。

3）单击菜单"窗口"→"对齐"命令，打开"对齐"对话框，如图 6-21 所示。单击图片，在"对齐"对话框中，选中"相对于舞台"按钮，单击"匹配大小"按钮组的"匹配宽和高"按钮，单击"对齐"按钮组中的"左对齐"按钮和"上对齐"按钮，使图片覆盖整个舞台。

图 6-21　"对齐"对话框

4）右击第 20 帧，在弹出的快捷菜单中选择插入帧。

5）制作"风车栏杆"元件。单击菜单"插入"→"新建元件"，或按快捷键 Ctrl+F8，弹出"创建新元件"对话框。在对话框中输入元件的名称为"风车栏杆"，选择元件类型为图形，单击"确定"进入元件编辑区。

6）单击工具箱中的"矩形工具"，在属性面板上，设置笔触颜色为黑色（#000000），设置填充色为"无"，将笔触高度设为 4，如图 6-22 所示，在编辑区上画一个矩形。

图 6-22　设置矩形属性

7）单击工具箱中的"任意变形工具"，选中矩形，单击菜单"修改"→"变形"→"扭曲"命令，将矩形进行变形，绘制如图 6-23 所示梯形。

8）单击工具箱中的"直线工具"，在"属性"面板上设置笔触颜色为黑色（#000000），笔触高度为 4，在梯形内部画几条横线，如图 6-24 所示。

9）单击工具箱中的"椭圆工具"，在"颜色"面板中，将笔触颜色设为"无"，将填充色设为放射性渐变，设定颜色左滑块为白色（#FFFFFF），右滑块为黑色（#000000）。在梯形上方画一个圆，如图 6-25 所示，此图形为支撑风车的柱子。至此完成"风车栏杆"元件，单击左上角的"场景 1"，退出元件编辑窗口。

图 6-23　绘制梯形　　图 6-24　梯形内部画几条横线图　　图 6-25　在梯形上方画一个圆

10）制作"风车扇柄"元件。单击菜单"插入"→"新建元件"命令，或按快捷键 Ctrl+F8，弹出"创建新元件"对话框。输入元件的名称为"风车扇柄"，选择元件类型为图形。单击"确定"，进入"元件"编辑模式。

11）单击工具箱中的"矩形工具"，在"颜色"面板中，设置笔触颜色为"无"，设置填充颜色类型为线性渐变，设定颜色左滑块为白色（#FFFFFF），右滑块为绿色（#87AF25）。在"属性"面板上设置矩形边角半径为"7"，如图 6-26 所示。使用矩形工具在舞台上画一个矩形，如图 6-27 所示。

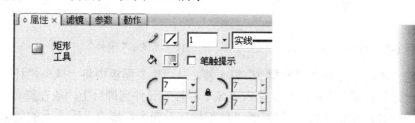

图 6-26　设置矩形边角半径为 7　　　　　　图 6-27　画一个矩形

12）单击工具箱中的"任意变形工具"，选中矩形，单击菜单"修改"→"变形"→"扭曲"命令。将矩形进行变形，如图 6-28 所示。

13）单击"多角星形工具"，在其"属性"面板上，设置笔触颜色为"无"，设置填充颜色为绿色（#87AF25）。单击"选项"按钮，弹出工具设置对话框，如图 6-29 所示。选择样式为多边形，设置边数为 3，单击"确定"，在舞台上画一个小三角形。

图 6-28 将矩形进行变形   图 6-29 工具设置对话框

14）单击工具箱中的"任意变形工具"，对三角形进行缩小，并放置在扇柄下，如图 6-30 所示。至此完成"风车扇柄"元件，单击左上角的"场景 1"，退出元件编辑窗口。

15）制作"风车"元件。单击菜单"插入"→"新建元件"命令，或按快捷键 Ctrl+F8，弹出"创建新元件"对话框。输入元件的名称为"风车"，选择元件类型为图形。单击"确定"，进入"元件"编辑模式。

16）将"风车扇柄"元件拖到舞台上，并复制 7 次，单击工具箱中的"任意变形工具"，对其进行旋转，并摆放成如图 6-31 所示的样子。至此完成"风车"元件，单击左上角的"场景 1"，退出元件编辑窗口。

图 6-30 "风车扇柄"元件   图 6-31 "风车"元件

17）新建"图层 2"，单击"图层 2"第 1 帧，从"库"面板中将"风车栏杆"元件拖入到舞台上，放在舞台右侧。再次拖入"风车栏杆"元件到舞台上，放在舞台左侧。选择工具箱中"任意变形工具"，将左侧"风车栏杆"变小，形成一远一近的效果，如图 6-32 所示。

18）新建"图层 3"，单击"图层 3"第 1 帧，将"风车"元件拖入到舞台上，并放在风车栏杆的顶端，如图 6-33 所示。单击工具箱中的"任意变形工具"，适当调整大小。

图 6-32　一远一近两个"风车栏杆"　图 6-33　将"风车"放在风车栏杆的顶端

19）右击"图层 3"的第 20 帧，在弹出的快捷菜单中选择"插入关键帧"。右击"图层 3"的第 1 帧，在弹出的快捷菜单中选择"创建补间动画"，如图 6-34 所示。

20）打开"属性"面板，在"属性"面板上设置旋转为"顺时针"，"1 次"，如图 6-35 所示。

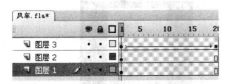

图 6-34　创建补间动画　　　　图 6-35　设置旋转为"顺时针"，"1 次"

21）新建"图层 4"，单击"图层 4"第 1 帧，将"风车"元件拖入到舞台上，并放在另一个风车栏杆的顶端，如图 6-36 所示。单击工具箱中的"任意变形工具"，适当调整大小。

图 6-36　将"风车"放在另一个风车栏杆的顶端

22）在"图层 4"的第 20 帧处插入关键帧。在第 1～20 帧创建补间动画。在"属性"面板上设置旋转为"顺时针"，"1 次"。动画制作完成。

23）单击菜单"控制"→"播放"，观看风车旋转的动画效果。

练习 2   聚光灯下的文字

动画效果：显示在聚光灯下的文字。

1）新建 Flash 文档。设置"背景颜色"为黑色。

2）单击菜单"插入"→"新建元件"命令，或按快捷键 Ctrl+F8，弹出"创建新元件"对话框，输入元件的名称为"光线"，选择元件类型为图形，单击"确定"，进入"元件"编辑模式。

3）单击工具箱中的"矩形工具"，在"颜色"面板中，设置笔触颜色为"无"，用矩形工具在舞台上绘制一个矩形。

4）单击工具箱中的"颜料桶工具"，选择填充色，设置颜色类型为线性渐变，如图 6-37 所示，其中左滑块的颜色为白色（#000000），右滑块的颜色为灰色（#444444），且 Alpha 值为 10%。按照如图 6-38 所示的方式，从矩形中间向下拖动鼠标填充矩形。

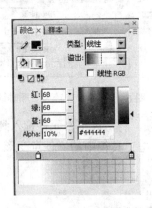

图 6-37   颜色面板

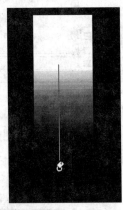

图 6-38   填充矩形

图 6-39   调整矩形上端

5）单击工具箱中的"任意变形工具"，对矩形的上端进行调整，如图 6-39 所示。完成元件"光线"的制作，单击"场景 1"返回场景。

6）单击菜单"插入"→"新建元件"命令，或按快捷键 Ctrl+F8，弹出"创建新元件"对话框，输入元件的名称为"光晕"，选择元件类型为"图形"。

7）单击工具箱中的"椭圆工具"，在"颜色"面板中，设置笔触颜色为"无"，选择填充色，设置颜色类型为放射状渐变，如图 6-40 所示，其中左滑块的颜色为白色（#FFFFFF），中间滑块的颜色为黑色（#000000），右滑块的颜色为灰色（#444444），且 Alpha 值为 10%。在舞台上绘制一个正圆。单击工具箱中的"任意变形工具"，对此圆进行调整，如图6-41所示。完成元件"光晕"的制作，单击"场景1"返回场景。

图6-40 "颜色"面板　　　　图6-41 制作"光晕"

8）单击菜单"插入"→"新建元件"命令，或按快捷键Ctrl+F8，弹出"创建新元件"对话框。输入元件的名称为"文字"，选择元件类型为"图形"。

9）单击工具箱中的"文本工具"，在"属性"面板上设置字体大小为50，其他默认。在舞台上输入"光的效果"四个字。

10）单击工具箱中的"选择工具"，选中文字，连续按Ctrl+B两次，将文字打散。

11）选择工具箱中的"颜料桶工具"，在"颜色"面板中，设置笔触颜色为"无"，选择填充色，设置颜色类型为线性渐变，如图6-42所示，其中左、右滑块的颜色都为白色（#FFFFFF），且Alpha值为0%。中间滑块的颜色为红色（#F25848）。在如图6-43所示的位置对文字进行填充。完成元件"文字"的制作，单击"场景1"返回场景。

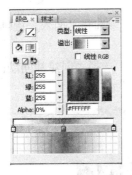 

图6-42 "颜色"面板　　　　图6-43 填充渐变色

12）将元件"光线"拖到舞台中央，打开"属性"面板，在"属性"面板上的"颜色"下拉列表框中选择"Alpha"，在其后的文本框中输入0%。

13）右击第10帧，在弹出的快捷菜单中选择"插入关键帧"。选择舞台上的"光线"，在"属性"面板上的颜色下拉列表中选择"Alpha"，在其后的文本框中输入100%。

14）右击第1帧，在弹出的快捷菜单中选择"创建补间动画"。右击第20帧，在弹出的快捷菜单中选择"插入帧"。时间轴如图6-44所示。

15）新建"图层2"，右击第5帧，在弹出的快捷菜单中选择"插入空白关键帧"。

将"光晕"元件拖入到舞台上，放在光线的下方，在"属性"面板上将其颜色的 Alpha 值设为 30%。

16）右击"图层 2"第 20 帧，在弹出的快捷菜单中选择"插入关键帧"，在"属性"面板上将其颜色的 Alpha 值设为 100%。

17）右击"图层 2"第 5 帧，在弹出的快捷菜单中选择"创建补间动画"。时间轴如图 6-45 所示。

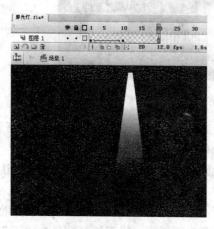

图 6-44 "图层 1"的时间轴

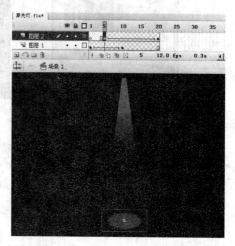

图 6-45 "图层 2"的时间轴

18）新建"图层 3"，右击第 7 帧，在弹出的快捷菜单中选择"插入空白关键帧"，将"文字"元件拖入到此帧的舞台上，放在光线的下方，在"属性"面板上将其颜色的 Alpha 值设为 10%。

19）右击"图层 3"第 20 帧，在弹出的快捷菜单中选择"插入关键帧"，在"属性"面板上将其颜色的 Alpha 值设为 100%。

20）右击"图层 3"第 7 帧，在弹出的快捷菜单中选择"创建补间动画"。时间轴如图 6-46 所示。

图 6-46 "图层 3"的时间轴

21）动画制作完成，单击菜单"控制"→"播放"观看动画效果。

任务二　生　日　快　乐

在任务一例子的基础上我们把生日贺卡变得更加形象，让蜡烛燃烧起来。

1）新建一个 Flash 文档。

2）单击菜单"文件"→"导入"→"打开外部库"命令，打开"作为库打开"对话框，如图 6-47 所示。选择任务一所做的"生日蜡烛"，单击"打开"按钮。

3）在 Flash 界面中出现"生日蜡烛"的库面板，如图 6-48 所示，把"烛焰"、"烛身"和"生日快乐"这三个元件拖入到我们新建的 Flash 文档元件库里。关闭"生日蜡烛"库面板。

图 6-47　"作为库打开"对话框　　　　　图 6-48　"生日蜡烛"库面板

4）单击菜单"插入"→"新建元件"命令，弹出"创建新元件"对话框，输入元件的名称为"燃烧的蜡烛"，选择元件类型为"影片剪辑"，如图 6-49 所示，单击"确定"进入"影片剪辑"编辑模式。

图 6-49　创建新元件对话框

5）将"烛身"拖入到编辑区中央，在第 20 帧插入关键帧，使用"任意变形工具"将烛身缩小。在第 1～20 帧之间创建补间动画，这样就可以看到烛身逐渐变小的过程。如图 6-50 所示。

6）新建"图层 2"。从"库"面板将"烛焰"拖入到舞台中央。在第 20 帧处插入关键帧。

7）单击"图层 2"的第 1 帧，选择"任意变形工具"，将"烛焰"缩小。在第 1～

20 帧之间创建补间动画，这样就可以看到烛焰逐渐变大的过程。如图 6-51 所示为最终的时间轴和第 20 帧的烛身和烛焰。此时一个蜡烛燃烧的影片剪辑就完成了。单击左上角的"场景 1"，退出元件编辑窗口。

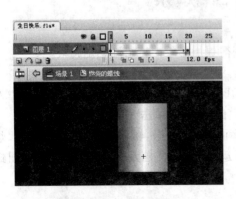

图 6-50 时间轴和烛身

图 6-51 时间轴和第 20 帧的烛身和烛焰

8）制作"变化的生日快乐"影片剪辑元件。单击菜单"插入"→"新建元件"命令，输入元件的名称为"变化的生日快乐"，选择元件类型为"影片剪辑"，单击"确定"进入影片剪辑编辑区。

9）将"生日快乐"图形元件拖入编辑区，在"属性"面板上选择颜色列表中的 Alpha 选项，将值调成 50%。在第 10 帧和第 20 帧处插入关键帧。

10）单击第 10 帧，选中"生日快乐"，在"属性"面板上选择颜色列表中的 Alpha 选项，将其值调成 100%。单击"任意变形工具"，将"生日快乐"放大为原来的两倍。单击左上角的"场景 1"，退出影片剪辑编辑窗口。

11）多次将影片剪辑"燃烧的蜡烛"拖入到舞台上，将影片剪辑"变化的生日快乐"拖入到舞台上，摆放如图 6-52 所示。

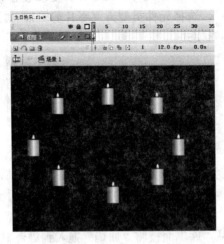

图 6-52 摆放蜡烛等

12）按快捷键 Ctrl+Enter 观看动画效果。

 **相关知识**

知识 1 影片剪辑元件

影片剪辑元件本身就是一个动画，可以称为动画内的动画。每一个影片剪辑均是独立的，它有自己的时间轴，即使动画在主时间轴的某一帧停下来，影片剪辑仍然可以继续播放。影片剪辑内还可以包含另一个影片剪辑，形成嵌套的影片剪辑，表现复杂的动画效果。

含有影片剪辑的动画不能通过菜单"控制"→"播放"命令播放，只能通过菜单"控制"→"测试影片"命令观看制作效果。

知识 2 建立影片剪辑元件

建立影片剪辑元件与创建图形元件的方法相同。操作方法：单击"插入"→"新建元件"命令，弹出"创建新元件"对话框，在名称栏中输入影片剪辑的名称，选择类型为"影片剪辑"，如图 6-53 所示，单击"确定"进入影片剪辑编辑区。

图 6-53 创建新的影片剪辑

知识 3 影片剪辑元件与图形元件的相互转换

影片剪辑可以转换为图形，图形也可以转换为影片剪辑。操作方法：右击"库"面板中的某一个元件，在弹出的菜单中选择"属性"，如图 6-54 所示。弹出"元件属性"对话框，如图 6-55 所示。在"元件属性"对话框中选择元件类型，单击"确定"即更改了元件的属性。

图 6-54 在"库"面板中选择"属性"　　　　图 6-55 "元件属性"对话框

知识 4　转换实例的类型

当从"库"面板中将一个元件拖到舞台上形成实例时，该实例的类型与其元件的类型是相同的，但我们可以更改实例的类型，使实例的类型与元件的类型不相同。

单击舞台上的某一实例，打开"属性"面板，在面板左上角有一个实例类型下拉列表框，如图 6-56 所示。选择实例类型即可实现转换。

图 6-56　实例类型下拉列表框

知识 5　图形类型播放方式

当一个实例为"图形"类型时，在其"属性"面板上会出现一个选项下拉列表框，如图 6-57 所示，我们可以选择实例的播放方式为：循环播放、播放一次、播放单帧，后面有"第一帧"文本框，文本框中的数字为起始播放帧，即从该文本框中指定的帧开始播放。

图 6-57　图形播放类型列表框

知识 6　影片剪辑与图形元件的区别

图形元件与影片剪辑元件的编辑区都有时间轴，都可以制作动画。但图形元件的时间轴是不独立的，即它的时间轴与主时间轴同步，当主时间轴停止播放，图形元件也停止播放；而影片剪辑元件的时间轴是独立的，它的播放不受主时间轴长度的制约，即使主时间轴停止播放，影片剪辑仍继续播放。

例如，在前面的例题中，所用的元件均为影片剪辑类，虽然每个元件都有 20 帧，在场景 1 中只用 1 帧即可正常播放；如果所用的元件为图形类型，要实现正常播放，在场景 1 中也需要有 20 帧或 20 的整倍数。

练习 1　放气球

1）新建一个 Flash 文档。单击菜单"修改"→"文档"命令，弹出"文档属性"对话框，在"文档属性"对话框中设置"背景颜色"为蓝色（#00FFFF），其他默认，单击"确定"按钮。

2）单击菜单"插入"→"新建元件"命令，或按快捷键 Ctrl+F8，弹出"创建新元件"对话框。输入元件的名称为"气球"，选择元件的类型为"影片剪辑"。单击"确定"按钮，进入影片剪辑元件编辑模式。

3）单击工具箱中的"椭圆工具"，在"颜色"面板中，设置笔触颜色为"无"，选择填充色，设置颜色类型为放射状渐变，其中左滑块的颜色为白色（#FFFFFF），右滑块的颜色为黄色（#CDE04B）。在编辑区绘制一个椭圆，如图 6-58 所示。

4）单击工具箱中的"铅笔工具"，选择铅笔模式为平滑，在"属性"面板上选择笔触颜色为红色（#FF0000），在气球下方画一条弯曲的线，作为气球的绳子，如图 6-59 所示。选中气球及其绳子，单击菜单"修改"→"组合"命令，将其组合。

图 6-58　绘制一个椭圆

图 6-59　画一条弯曲的线

5）右击第 30 帧，在弹出的快捷菜单中选择"插入关键帧"，并将气球的位置向上方拖动。

6）右击第 1 帧，在弹出的快捷菜单中选择"创建补间动画"，在第 1～30 帧建立补间动画，如图 6-60 所示，实现气球升空的动画效果。

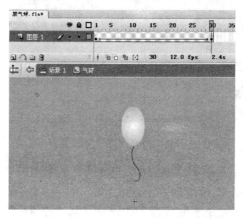

图 6-60　在第 1～30 帧之间建立补间动画

7）单击"场景 1"按钮，返回场景。选择菜单"窗口"→"库"命令，或按快捷键

Ctrl+L 打开"库",从"库"中将"气球"元件拖到舞台上,右击第 45 帧,在弹出的快捷菜单中选择"插入关键帧",如图 6-61 所示。

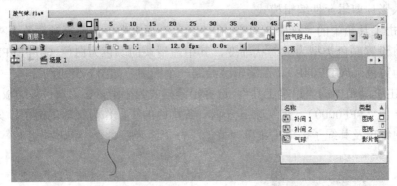

图 6-61   在第 45 帧处插入关键帧

8)单击图层面板中的"插入图层"按钮,插入一个新的图层。

9)在"图层 2"的第 5 帧处插入关键帧。

10)从"库"中将"气球"元件拖到舞台上,位置稍有变化,如图 6-62 所示。在第 45 帧处插入帧。

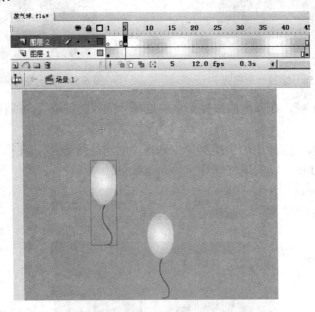

图 6-62   将"气球"拖到舞台

11)新建"图层 3",在第 10 帧处插入关键帧,从库中将"气球"元件拖到当前舞台,位置稍有变化。在第 45 帧处插入帧。

12)新建"图层 4",在第 5 帧处插入关键帧,从"库"中将"气球"元件拖到当前舞台,位置稍有变化。在第 45 帧处插入关键帧。最后的时间轴及气球的位置如图 6-63 所示。

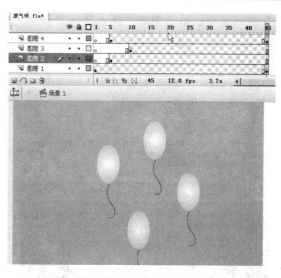

图 6-63　时间轴及气球的位置

13）单击菜单"控制"→"测试影片"命令，观看多个气球依次升空的动画效果。

练习 2　旋转的方格

下面建立一个立体方格的影片剪辑，实现立体方格旋转变化的效果。

1）新建 Flash 文档。单击菜单"修改"→"文档"命令，弹出"文档属性"对话框，在"文档属性"对话框中设置"背景颜色"为黑色（#000000），其他默认，单击"确定"按钮。

2）制作"方格"图形元件。单击菜单"插入"→"新建元件"命令，或按快捷键 Ctrl+F8，弹出"创建新元件"对话框。输入元件的名称为"方格"，选择元件类型为"图形"。单击"确定"，进入"图形"编辑模式。

3）单击工具箱中的"矩形工具"，在"颜色"面板中，设置笔触颜色为"无"，选择填充色，设置颜色类型为放射状渐变，其中左滑块的颜色为黄色（#F4FA00），右滑块的颜色为红色（#FB0096）。在编辑区绘制一个正方形，如图 6-64 所示。完成元件"方格"的制作，单击"场景 1"返回。

图 6-64　绘制一个正方形

4）制作"方格组"图形元件。单击菜单"插入"→"新建元件"命令，弹出"创建新元件"对话框。输入元件的名称为"方格组"，选择元件类型为"图形"。单击"确定"，进入"图形"编辑模式。

5）从"库"面板中拖入四个"方格"到编辑区，排列成一行，如图 6-65 所示。完成元件"方格组"的制作，单击"场景 1"返回。

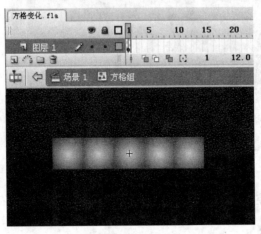

图 6-65　排列方格

6）制作"变化方格"影片剪辑。单击菜单"插入"→"新建元件"命令，弹出"创建新元件"对话框。输入元件的名称为"变化方格"，选择元件类型为"影片剪辑"。单击"确定"，进入"影片剪辑"编辑模式。

7）从"库"面板中将"方格组"元件拖到舞台上，右击第 20 帧，在弹出的快捷菜单中选择"插入关键帧"。

8）单击第 20 帧，选中"方格组"，选择工具箱中的"任意变形工具"，将"方格组"的中心点移到右边线中点处，然后拖动左边线，使"方格组"缩小，如图 6-66 所示。在"属性"面板上，选择颜色列表框中的 Alpha，将其值改为 30%。

图 6-66　缩小矩形

9）右击第 1 帧，在弹出的快捷菜单中选择"创建补间动画"，时间轴如图 6-67 所示。

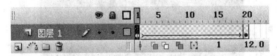

图 6-67　创建补间动画

10）锁定"图层 1"。新建"图层 2"，单击"图层 2"第 1 帧，将"方格组"元件拖到舞台上，与图层 1 中的"方格组"重合，在第 20 帧处插入关键帧。

11）单击"图层 2"第 1 帧，选中"方格组"，选择工具箱中的"任意变形工具"，将变形的中心点移到左边线中点处，然后拖动右边线，使"方格组"缩小，如图 6-68 所示。在"属性"面板上，选择颜色列表框中的 Alpha，将其值改为 30%。

12）右击"图层 2"第 1 帧，在弹出的快捷菜单中选择"创建补间动画"。至此，完成影片剪辑"变化方格"的制作，单击"场景 1"返回。

13）新建 5 个图层，将影片剪辑"变化方格"分别拖到各个图层上，按如图 6-69 所示放置"变化方格"。

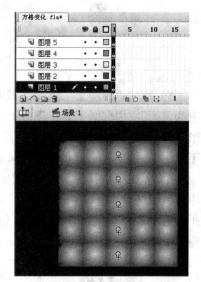

图 6-68　缩小矩形　　　　　　　　图 6-69　放置"变化方格"

14）动画制作完毕，单击菜单"控制"→"测试影片"命令观看动画效果。

任务三　圆型动态按钮

通过本例实现一个立体的动态按钮，当鼠标指针移动到按钮上时，按钮中心颜色发生变化，按下鼠标时，鼠标会发生动态变化。具体操作步骤如下。

1）新建 Flash 文档。

2）制作"按钮样式"元件。单击菜单"插入"→"新建元件"命令，或按 Ctrl+F8，弹出"创建新元件"对话框。输入元件的名称为"按钮样式"，选择元件类型为"图形"。单击"确定"，进入元件编辑模式。

3）选择工具箱中的"椭圆工具"，在"颜色"面板中，设置笔触颜色为黑（#000000），用椭圆工具在舞台上绘制一个正圆形。单击"选择工具"，选择所绘制的圆形，打开"属性"面板，设置椭圆的高、宽均为 50，如图 6-70 所示。

4）选择工具箱中的"颜料桶工具"，在"颜色"面板中，选择填充色，设置颜色类型为放射状渐变，其中左滑块的颜色为白色（#FFFFFF），右滑块的颜色为黑色（#000000）。在圆的右下方单击进行填充，如图6-71所示。

图6-70　设置圆的大小　　　　　　　　　　　　图6-71　填充颜色

5）新建"图层2"，选择工具箱中的"椭圆工具"，在"颜色"面板中，设置笔触颜色为"无"，用椭圆工具在舞台上绘制一个正圆形。单击"选择工具"，选择所绘制的圆形，打开"属性"面板，设置椭圆的大小，高、宽均设为40。选择工具箱中的"颜料桶工具"，在圆的左上方单击进行填充，如图6-72所示。

6）单击"选择工具"，用鼠标拖动方式将"图层1"和"图层2"的两个圆全部选中。单击菜单"窗口"→"对齐"命令，打开"对齐"面板。单击"对齐"面板中的"水平中齐"和"垂直中齐"按钮，使两个圆的圆心对齐，如图6-73所示。单击"场景1"返回。

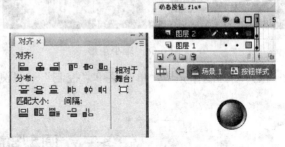

图6-72　填充颜色　　　　　　　　　　　　图6-73　两个圆的圆心对齐

7）制作"圆1"元件。单击菜单"插入"→"新建元件"命令，弹出"创建新元件"对话框。输入元件的名称为"圆1"，选择元件类型为"图形"。单击"确定"，进入图形元件编辑模式。

8）选择工具箱中的"椭圆工具"，在"颜色"面板中，设置笔触颜色为"无"，选择填充色，设置颜色类型为纯色，将颜色设为黄色（#FF9900），Alpha值设为25%。用椭圆工具在舞台上绘制一个正圆形。单击"选择工具"，选中所绘制的圆形，在"属性"面板中，设置椭圆的高、宽均设为30。完成图形元件"圆1"的制作，单击"场景1"返回。

9）制作"圆2"图形元件。单击菜单"插入"→"新建元件"命令，或按Ctrl+F8，弹出"创建新元件"对话框。输入元件的名称为"圆2"，选择元件类型为"图形"。单击"确定",进入图形元件编辑模式。

　　10）选择工具箱中的"椭圆工具",在"颜色"面板中,设置笔触颜色为"无",用椭圆工具在舞台上绘制一个正圆形。单击"选择工具",选中所绘制的圆形,在"属性"面板中,设置椭圆的高、宽均设为30。

　　11）选择工具箱中的"颜料桶工具",在"颜色"面板中,选择填充色,设置颜色类型为放射状渐变,其中左滑块的颜色为白色(#FFFFFF),右滑块的颜色为黑色(#000000)。在圆的右下方单击进行填充,如图 6-74 所示。完成图形元件"圆 2"的制作,单击"场景 1"返回。

　　12）制作"圆 3"图形元件。单击菜单"插入"→"新建元件"命令,弹出"创建新元件"对话框。输入元件的名称为"圆 3",选择元件类型为"图形",单击"确定"。

　　13）选择工具箱中的"椭圆工具",在"颜色"面板中,设置笔触颜色为"无",在舞台上绘制一个正圆形。单击"选择工具",选择所绘制的圆形,在"属性"面板中,设置椭圆的高、宽均设为30。

　　14）选择工具箱中的"颜料桶工具",在圆的左上方位置单击进行颜色填充,如图 6-75 所示。完成图形元件"圆 3"的制作,单击"场景 1"返回。

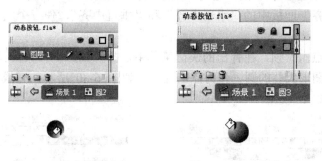

图 6-74　填充渐变色　　　　　　图 6-75　填充渐变色

　　15）制作"按钮"元件。单击菜单"插入"→"新建元件"命令,或按 Ctrl+F8,弹出"创建新元件"对话框。输入元件的名称为"按钮",选择元件类型为"按钮",如图 6-76 所示。单击"确定",进入按钮元件编辑区。

图 6-76　创建新元件

　　16）单击"弹起"帧,将库中的"按钮样式"和"圆 2"拖到舞台中央,单击工具箱中的"选择工具",将"按钮样式"和"圆 2"全部选中。单击菜单"窗口"→"对齐"命令,打开"对齐"面板,单击"对齐"面板中的"水平中齐"按钮和"垂直中齐"按钮,使两个圆的圆心对齐,如图 6-77 所示。

　　17）右击"指针经过"帧,在弹出的快捷菜单中选择"插入空白关键帧"。将"库"

中的"按钮样式"、"圆3"和"圆1"先后拖到舞台中央,使"按钮样式"在最下层,"圆1"在最上层。单击工具箱中的"选择工具",将"按钮样式"、"圆3"和"圆1"全部选中。打开"对齐"面板,单击面板中的"水平中齐"和"垂直中齐"按钮,使三个圆的圆心对齐,如图6-78所示。

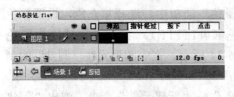

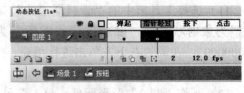

图6-77 两个圆的圆心对齐　　　　　　　图6-78 三个圆的圆心对齐

18)右击"按下"帧,在弹出的快捷菜单中选择"插入空白关键帧"。将"库"中的"按钮样式"、"圆2"和"圆1"先后拖到舞台中央,使"按钮样式"在最下层,"圆1"在最上层。单击工具箱中的"选择工具",将"按钮样式"、"圆2"和"圆1"全部选中。单击"对齐"面板中的"水平中齐"和"垂直中齐",使三个圆的圆心对齐,如图6-79所示。

19)右击"点击"帧,在弹出的快捷菜单中选择"插入空白关键帧",在舞台中心画一个比前面的图形大些的圆,作为点击区域,如图6-80所示。完成元件"按钮"的制作,单击"场景1"返回。

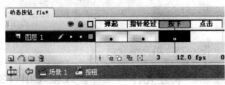

图6-79 三个圆的圆心对齐　　　　　　　图6-80 画一个稍大些的圆

20)从"库"面板中将制作的"按钮"拖到舞台上,单击菜单"控制"→"测试影片"命令观看效果。

 相关知识

知识1 按钮元件

按钮元件也是Flash中的一种元件,它可以检测鼠标在它上面做的动作,并根据鼠标的不同动作(弹起、指针经过、按下)显示不同的动画。每个按钮元件都由4个帧构成，如图 6-81 所示，分别代表按钮的 3 个状态和热区。各帧的含义如下：

图 6-81 按钮元件有 4 个帧

弹起：此帧是按钮在通常情况下所显示的形状，此时鼠标对按钮没有做任何动作。

指针经过：鼠标移动到按钮上面时，按钮显示这一帧的图形。

按下：当按下鼠标按键时，显示这一帧的图形。

点击：定义对鼠标做出反应的区域。只有当鼠标进入这个区域时，才会有鼠标经过和按下的事件，这个区域在影片中是看不见的。

知识 2 按钮与图形和影片剪辑的互换

"库"中的按钮元件可以与图形元件和影片剪辑元件互换，右击"库"中的某一元件，在弹出的快捷菜单中选择"属性"，打开"元件属性"对话框，如图 6-82 所示，在对话框中可以更改元件类型。舞台中的按钮实例也可以在"属性"面板上与图形实例和影片剪辑实例互换，如图 6-83 所示。

图 6-82 "元件属性"对话框

图 6-83 更改实例类型

当按钮类型转换为图形类型或影片剪辑类型时，按钮的弹起、指针经过、按下、点击帧转换为对应类型的 1～4 帧；当图形类型或影片剪辑类型转换为按钮类型时，它的前 4 帧分别对应的转换为按钮的弹起、指针经过、按下、点击帧。

练习 1 跳动的按钮

1）新建 Flash 文档。单击菜单"修改"→"文档"命令，弹出"文档属性"对话框，在"文档属性"对话框中设置高为 500 像素，宽为 400 像素，其他默认，单击"确定"按钮。

2）单击菜单"文件"→"导入"→"导入到库"命令，弹出"导入到库"对话框，选择背景图片，单击"确定"按钮。

3）制作"按钮样式 1"元件。单击菜单"插入"→"新建元件"命令，弹出"创建新元件"对话框。输入元件的名称为"按钮样式 1"，选择类型为"图形"。单击"确定"按钮，进入元件编辑模式。

4）单击工具箱中的"椭圆工具"，在"颜色"面板中，设置笔触颜色为"无"，选择填充色，设置颜色类型为放射状渐变，将放射状渐变设置成如图 6-84 所示，其中左滑块的颜色为蓝色（#1C1CFF），右滑块的颜色为深蓝色（#0505FF）。在编辑区上绘制一个椭圆。

5）单击工具箱中的"椭圆工具"，在"颜色"面板中，设置笔触颜色为"无"，选择填充色，设置颜色类型为放射状渐变，其中左滑块的颜色为白色（#FFFFFF），右滑块的颜色为蓝色（#0000DE），在编辑区上绘制第二个椭圆。选择"颜料桶工具"，在椭圆的左边位置单击，调整椭圆的填充颜色效果，如图 6-85 所示。

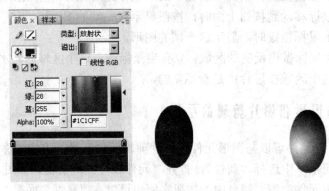

图 6-84　设置颜色并绘制椭圆　　　　　图 6-85　第二个椭圆

6）单击"椭圆工具"，在"颜色"面板中，设置笔触颜色为"无"，选择填充色，设置颜色类型为放射状渐变，其中左滑块的颜色为白色（#0000FF），右滑块的颜色为蓝色（#000080）。在舞台上绘制第三个椭圆，绘制完成的三个椭圆如图 6-86 所示。

图 6-86　三个椭圆

7）单击工具箱中的"任意变形工具"，同时选中三个椭圆，向左上方转动 45 度角，如图 6-87 所示。

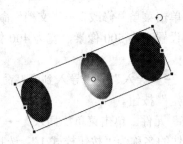

图 6-87　转动 45 度角

8）选择工具箱中的"选择工具"，将第二个椭圆覆盖第一个椭圆，留下第一个椭圆的外边。鼠标在空白区域单击合并图形，再将第三个椭圆覆盖第二个椭圆，留下第二个椭圆的外边。最后的效果图如图 6-88 所示。制作完成元件"按钮样式 1"，单击"场景1"返回。

图 6-88 "按钮样式 1"的最后效果图

9）制作"按钮样式 2"元件命令。单击菜单"插入"→"新建元件"命令，弹出"创建新元件"对话框。输入元件的名称为"按钮样式 2"，选择元件类型为"图形"。单击"确定"，进入元件编辑区。

10）绘制三个椭圆，第一个椭圆：填充类型为纯色，颜色为紫色（#FF06FF）；第二个椭圆：填充色类型为放射性渐变，左滑块为白色（#FFFFFF），右滑块为紫色（#FF00D1）；第三个椭圆：填充色类型为放射性渐变，左滑块为紫色（#FF00FF），右滑块为红色（#FF006E）；将三个椭圆旋转后再进行组合，完成后的效果如图 6-89 所示。单击"场景 1"返回。

11）制作"按钮样式 3"元件。单击菜单"插入"→"新建元件"命令，弹出"创建新元件"对话框。输入元件的名称为"按钮样式 3"，选择元件类型为"图形"，单击"确定"，进入元件编辑区。

12）绘制三个椭圆，第一个椭圆：填充色类型为放射性渐变，左滑块为浅黄色（#FFB900），右滑块为黄色（#FF8E00）；第二个椭圆：填充色类型为放射性渐变，左滑块为浅黄色（#FECE5F），右滑块为黄色（#FF6800）；第三个椭圆：填充色类型为放射性渐变，左滑块为黄色（#FFAF00），右滑块为土黄色（#E24100）；将三个椭圆旋转后再进行组合，完成后的效果如图 6-90 所示。单击"场景 1"返回。

图 6-89 "按钮样式 2"的最后效果图　　图 6-90 "按钮样式 3"的最后效果图

13）单击菜单"插入"→"新建元件"命令，在弹出的对话框中，输入元件的名称为"按钮 1"，选择元件类型为"按钮"，按"确定"，进入"按钮"元件编辑状态。

14）单击"弹起"帧，将库中的图形元件"按钮样式 1"拖到元件编辑区中央，如图 6-91 所示。

15）右击"指针经过"帧，在弹出的快捷菜单中选择"插入关键帧"，选择"按钮样式 1"，敲击键盘上的向下方向键，使"按钮样式 1"元件稍向下移动，完成后的时间轴如图 6-92 所示。"按钮 1"制作完毕，单击"场景 1"返回。

图 6-91　弹起帧　　　　　　　　　图 6-92　"按钮 1"的时间轴

16）单击菜单"插入"→"新建元件"命令，在弹出的对话框中，输入元件的名称为"按钮 2"，选择元件类型为"按钮"，按"确定"，进入元件编辑区。

17）单击"弹起"帧，将"库"中的"按钮样式 2"元件拖到编辑区中央。

18）右击"指针经过"帧，在弹出的快捷菜单中选择"插入关键帧"，选择"按钮样式 2"，敲击键盘上的向下方向键，使"按钮样式 2"元件稍向下移动。完成后的时间轴如图 6-93 所示。"按钮 2"制作完毕，单击"场景 1"返回。

图 6-93　"按钮 2"的时间轴

19）单击菜单"插入"→"新建元件"命令，在弹出的对话框中，输入元件的名称为"按钮 3"，选择元件类型为"按钮"，按"确定"，进入元件编辑区。

20）单击"弹起"帧，将"库"中的"按钮样式 3"元件拖到编辑区中央。

21）右击"指针经过"帧，在弹出的快捷菜单中选择"插入关键帧"，选择"按钮样式 2"，敲击键盘上的向下方向键，使"按钮样式 3"元件稍向下移动。单击"场景 1"返回。

22）将按钮元件的"按钮样式 1"、"按钮样式 2"和"按钮样式 3"拖到舞台上，摆放成如图 6-94 所示样式。

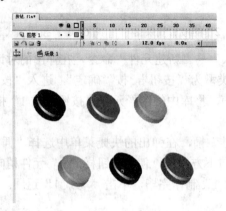

图 6-94　排列各按钮

23）新建"图层2"，单击第1帧，从"库"中将背景图片拖到舞台上。右击图片，在弹出的快捷菜单中选择"转换为元件"，如图6-95所示。弹出"转换为元件"对话框，如图6-96所示，输入名称为"底纹"，选择类型为"图形"，单击"确定"按钮。

图6-95　选择"转换为元件"　　　图6-96　"转换为元件"对话框

24）选择"底纹"图片，在"属性"面板上设置颜色的Alpha值为60%，图片的高为500像素，宽为400像素，x，y坐标均为0，如图6-97所示。

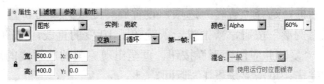

图6-97　设置图片属性

25）新建"图层3"，单击"图层3"第1帧，将"按钮1"、"按钮2"、"按钮3"元件拖到舞台上，放置在与"图层1"中的图形对应的位置，如图6-98所示。

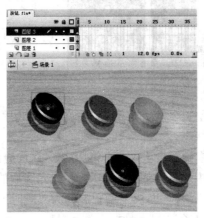

图6-98　在对应位置放置按钮

26）单击菜单"控制"→"测试影片"命令观看动画效果。当鼠标移动到按钮上时，按钮产生按下效果。

练习2 笑脸按钮

动画效果：舞台上有若干不停旋转的放射线。当鼠标移动到按钮上时，放射线停止转动，当鼠标按下时，出现笑脸。具体操作步骤如下。

1）新建 Flash 文档。设置文档属性，背景色为"黑色"，其他默认，单击"确定"按钮。

2）选择"插入"→"新建元件"命令，在弹出的对话框中，选择元件类型为"图形"，命名为"放射线"，单击"确定"按钮，进入元件编辑区。

3）选择绘图工具箱中的"直线工具"，在"属性"面板中，将笔触颜色设为红色（#FF0000），笔触高度设为2.5，如图6-99所示。在舞台上绘制一条竖直线。

图6-99 设置直线属性

4）单击工具箱中的"选择工具"，选中直线，单击菜单"窗口"→"变形"命令，打开"变形"对话框，选择"旋转"选项，设置旋转度数为"10.0 度"，单击窗口右下角的"复制并应用变形"按钮，新生成一条旋转了10度的直线，如图6-100所示。

5）继续点击"复制并应用变形"按钮，直至出现完整的放射线的形状，如图6-101所示。元件制作完毕，单击"场景1"返回。

图6-100   生成一条旋转的直线

图6-101   放射线

6）新建元件，选择元件类型为"影片剪辑"，名称为"旋转的放射线"，单击"确定"按钮，进入元件编辑状态。

7）将"放射线"元件拖到舞台上，右击第20帧，在快捷菜单中选择"插入关键帧"。右击第1帧，在快捷菜单中选择"创建补间动画"，完成后的时间轴如图6-102所示。

8）单击第1帧，在"属性"面板上设置旋转为"顺时针"，"3"次。如图6-103所示。元件制作完毕，单击"场景1"返回。

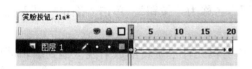

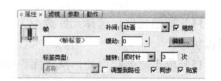

图 6-102 "放射线"元件的时间轴　　　图 6-103 设置动画属性

9）新建元件，选择元件类型为"图形"，名称为"笑脸"，单击"确定"按钮，进入元件编辑状态。

10）单击工具箱中的"椭圆工具"，在"颜色"面板中，设置笔触颜色为"无"，设置颜色类型为放射状渐变，其中左滑块的颜色为白色（#FFFFFF），右滑块的颜色为黄色（#EABD0D）。在编辑区画一个圆，如图 6-104 所示。

11）新建"图层 2"，单击第 1 帧，单击工具箱中的"椭圆工具"，在"颜色"面板中，设置笔触颜色为"无"，选择填充色，设置颜色类型为纯色，颜色为黑色（#000000）。在编辑区画一个细圆，作为眼睛。如图 6-105 所示。

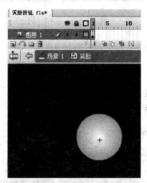

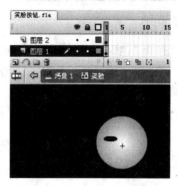

图 6-104 在编辑区画一个圆　　　图 6-105 再画一个细圆

12）新建"图层 3"，复制"图层 2"的眼睛，粘贴到"图层 3"，并摆放在一条直线上，如图 6-106 所示。

13）新建"图层 4"，单击第 1 帧，选择工具箱中的"直线工具"，将笔触颜色设置为红色，在圆脸下方画一条短线。单击"选择工具"，将其拖弯，如图 6-107 所示。"笑脸"元件制作完成，单击"场景 1"返回。

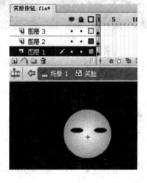

图 6-106 生成另一只眼睛　　　图 6-107 笑脸

14）新建元件，选择元件类型为"按钮"，名称为"按钮"，单击"确定"进入元件编辑状态。

15）单击"弹起"帧，从"库"中将影片剪辑元件"旋转的放射线"拖到编辑区中央，如图 6-108 所示。

16）右击"指针经过"帧，在快捷菜单中选择"插入空白关键帧"，从"库"中将图形元件"放射线"拖到编辑区中央，如图 6-109 所示。

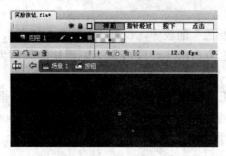

图 6-108　"弹起"帧

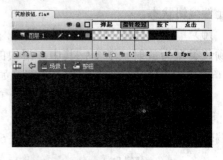

图 6-109　"指针经过"帧

17）右击"按下"帧，在快捷菜单中选择"插入空白关键帧"，将"笑脸"元件拖到编辑区中央，如图 6-110 所示。"按钮"元件制作完成，单击"场景 1"返回。

18）单击第 1 帧，从元件库中将 6 个"按钮"元件拖到舞台上，如图 6-111 所示。选择"控制"→"测试影片"命令，观看"按钮"效果。

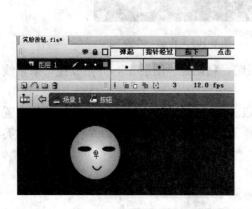

图 6-110　"按下"帧

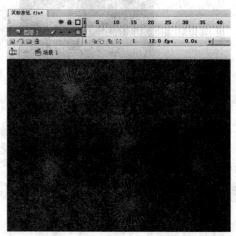

图 6-111　将"按钮"拖到舞台上

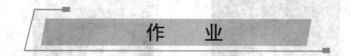

作　业

1. 制作若干条形状相同，大小、颜色各不相同的鱼在水中游动的动画。
2. 制作一个群星闪烁的动画，如图 6-112 所示。

图 6-112 群星闪烁

3. 制作一群白鹤在天空中飞行，使用影片剪辑制作白鹤扇动翅膀的动画，使用引导线使白鹤在舞台上飞行，如图 6-113 所示。

图 6-113 飞行的白鹤

4. 制作一个按钮，要求一般状态下是椭圆形，当鼠标指向按钮时，按钮变为方形，当单击按钮时，按钮变为由小到大的圆。

5. 制作一串文字"学习 FLASH"围绕字母"A"作环形运动的动画。

6. 制作一块石头落入水中，引起水波的动画。

7. 制作动画，效果为月亮绕着地球旋转，地球带着月亮围绕着太阳旋转的动画。

8. 制作一个太阳系，其行星的排列顺序由里向外依次为水星、金星、地球、火星、木星、土星、天王星、海王星。要求：每个行星上有文字说明，由里向外行星体积依次增大，旋转速度依次降低，太阳带着它的行星从舞台的左下角进入，在舞台上停留一段时间，然后向上移动，并逐渐变小、变淡，形成驶向远处的效果。

项目七

ActionScript 简介

知识目标

- ◆ 理解帧动作脚本的概念
- ◆ 掌握按钮动作脚本的制作方法，理解
  对象、命令、事件等概念
- ◆ 熟悉对象的常用格式和属性
- ◆ 熟悉对象的常用方法

技能目标

- ◆ 利用动作脚本，制作具有特殊效果的动
  画，如鼠标跟随动画、电子表动画等

通过前面知识的学习，我们可以制作出许多精美的动画。此外，Flash 还提供了功能强大的 ActionScript 编程语言，辅助动画制作，实现人机交互功能，增强动画功能。

任务一 停止播放动画

一个单纯时间轴制作的动画在一次播放完毕之后又会回到第 1 帧重新开始播放，并如此不停地循环，但在一般情况下要求动画在播放完之后自动停下来。下面我们通过 ActionScript 完成这个功能。

首先制作一个小球自由下落的动画。

1）新建一个文档，选择文档的类型为"Flash 文件（ActionScript 2.0）"，如图 7-1 所示，单击"确定"按钮，进入文档编辑区。

2）设置文档的背景颜色代码为"#669966"。选择绘图工具箱中的"椭圆工具"，设置笔触颜色为"无"，填充颜色为由白到黑的放射状渐变，在舞台的上方绘制一个立体小球。如图 7-2 所示。

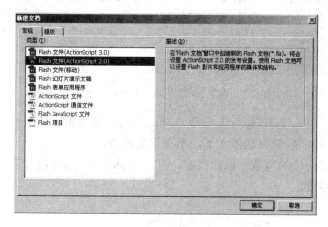

图 7-1　新建一个 Flash 文件

图 7-2　绘制一个立体小球

3）在第 30 帧处插入关键帧，并将小球垂直移动到舞台的下方。

4）单击第 1 帧，在其"属性"面板的"补间"下拉列表中选择"动画"，在"缓动"文本框中输入"－90"，如图 7-3 所示。制作一个立体小球由慢到快的下落动画效果。

图 7-3　建立补间动画

现在可以通过单击菜单中"控制"→"测试影片"命令，测试动画效果。可以看到，小球在播放窗口中一遍接一遍地做自由落体运动。下面我们使用 ActionScript 命令使动画播放完毕自动停止。

5）右击第 30 帧，在快捷菜单中选择"动作"选项，如图 7-4 所示，打开"动作-帧"面板，如图 7-5 所示。然后在左侧命令列表里依次打开"全局函数"→"时间轴控制"→"stop"，双击或拖到右侧的编辑区，给动作编辑区添一条 stop（）命令。也可以在动作编辑区直接输入"stop（）;"语句。同时，还可以看到在时间轴上的第 30 帧处出现了一个小字母"a"，表明在该帧添加有一个动作。

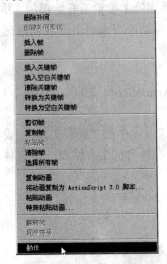

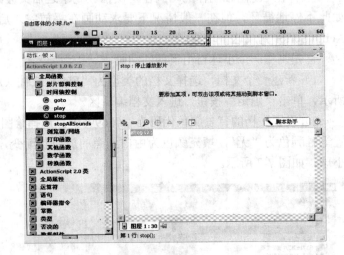

图 7-4　在快捷菜单中选择"动作"　　　图 7-5　在第 30 帧添加一个 stop 命令

6）此时再单击菜单中"控制"→"测试影片"命令，对这个动画的效果重新进行测试，可以看到动画播放到第 30 帧以后就自动停止了，不再重复播放。

这样我们就非常简单地停止了动画的播放。以此类推，可以将 stop（）命令添加在任一关键帧，使动画在该帧停止播放。

 相关知识

知识 1　帧动作脚本

加在某一帧上的程序代码称为帧动作脚本。当动画播放到此帧时，相应的动作脚本程序就会被执行。右击要添加脚本的关键帧，在弹出的快捷菜单中选择"动作"，即打开该帧的"动作"面板。在命令编辑区中只要输入一个字母，在时间轴的对应帧上就会出现一个字母"a"，表明在该帧添加有一个动作。反之如果将所有的命令全部删除，对应帧上的字母"a"也自动删除。

知识 2　ActionScript 版本简介

在 Flash 5 中首先引入了 ActionScript 语言，版本号为 1.0，现在最新的 ActionScript

版本为 3.0，它是一种完全面向对象的编程语言，功能强大，类库丰富，语法类似 Java。但它的学习难度大，不适合于初学者，因此本书仍然采用 ActionScript 2.0 举例编程。ActionScript 2.0 简单易学，功能较强大，完全能够满足一般动画制作要求。

任务二　播放和停止按钮

在本项目的任务一中我们实现了停止播放动画，如果要求再次播放动画，应再添加一个播放按钮，当单击此按钮时，动画继续播放。同样我们还可以添加一个暂停按钮，在动画播放时可以随时单击暂停按钮，暂停播放。这就是一个简单的人机交互。下面仍然以前面的自由落体的小球为例进行说明。

1）打开前面制作的"自由落体小球"动画，新建一个图层，更名为"按钮"。

2）单击"按钮"图层的第 1 帧。单击菜单"窗口"→"公用库"→"按钮"命令，打开 Flash 提供的按钮库，从其中拖入一个播放按钮，放在舞台下方左侧位置，作为播放按钮，如图 7-6 所示。

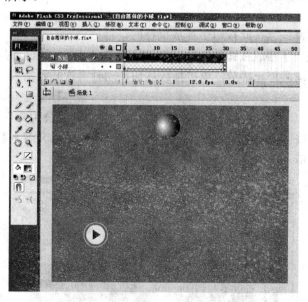

图 7-6　引入一个播放按钮

3）选定该播放按钮，按 F9 键打开"动作-按钮"面板。在"动作-按钮"面板左侧命令列表中依次打开"全局函数"→"时间轴控制"→"play"，双击"play"或者将其拖入右侧的编辑区，则在右侧的编辑区添加了如下命令：

```
on (release){
        play ();
}
```

如图 7-7 所示。

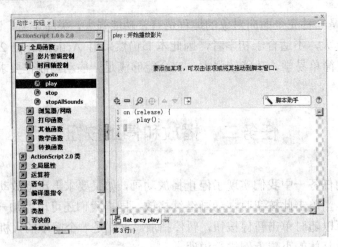

图 7-7　给命令编辑区添加 play 命令

其各命令的含义如下：

on：在……时候。

release：释放鼠标。

play：播放。

整个命令的解释：当在此按钮上释放鼠标时，播放动画。

到此为止已完成了播放按钮的制作，按快捷键 Ctrl+Enter 测试影片，可以看出当小球下落到下面时，动画停止播放，单击播放按钮，动画再次开始播放。下面我们再制作一个暂停按钮。

4）选择"按钮"图层的第 1 帧。单击菜单"窗口"→"公用库"→"按钮"命令，打开 Flash 提供的按钮库，从其中拖入一个暂停按钮，放在舞台下方右侧位置，作为暂停按钮，如图 7-8 所示。

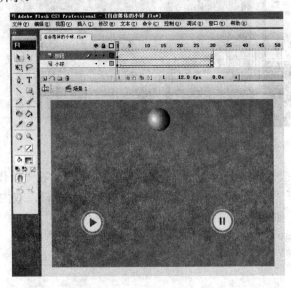

图 7-8　引入一个暂停按钮

5）选定该暂停按钮，按 F9 键打开"动作-按钮"面板。然后在"动作-按钮"面板左侧命令列表里依次打开"全局函数"→"时间轴控制"→"stop"，双击"stop"或者将其拖入右侧的编辑区，在动作编辑区添加了如下命令：

```
on (release) {
        stop ();
}
```

其命令形式与播放的形式相同，只不过将 play 改为 stop。

6）到此为止完成了对这个交互动画的制作，单击菜单中"控制"→"测试影片"命令，对这个动画的效果进行测试。在动画播放时如果单击暂停按钮，动画停止播放；如果再单击播放按钮，动画继续播放；当动画结束时自动停止，如果再单击播放按钮，动画又重新开始播放。

相关知识

知识 1 按钮动作脚本

Flash 中只有按钮实例和影片剪辑实例能够添加动作脚本代码。

当按钮发生某些事件时（如鼠标滑过按钮、按下按钮或者放开按钮等），相应的脚本程序就会被执行。右击要添加脚本的按钮，在弹出的快捷菜单中选择"动作"，或单击该按钮，按 F9，即打开该按钮的"动作"面板。

知识 2 对象

Flash 中提供了许多对象，如用户在工作区中建立的按钮或影片剪辑实例即是对象，此外常见的对象类型还有：日期对象（Date）、声音对象（Sound）、数学函数对象（Math）、字符串对象（String）等。

图 7-9　在"属性"面板中为实例命名

当将一个影片剪辑元件、按钮元件或文本字段放置在舞台上，并在"属性"面板中为它指定实例名称，如图 7-9所示（图中的 second），这样在动作脚本中即可用这个名称引用此实例对象。

知识 3 命令

命令用于控制动画播放的流程和播放状态等，常用的命令如表 7-1 所示。

表 7-1　常用的命令

gotoAndPlay	使播放头跳转到指定帧并开始播放
gotoAndStop	使播放头跳转到指定帧，停止播放
nextFrame	播放头跳转到下一帧

续表

nextScene	播放头跳转到下一个场景
prevFrame	播放头跳转到前一帧
prevScene	播放头跳转到前一场景
play	播放动画
stop	停止播放动画
on	监听事件,尤其是鼠标和键盘事件
onClipEvent	触发影片剪辑指定的动作

知识 4 事件

脚本程序是不会自动执行的,而是要提供一定的激活条件,换句话说,就是要有一定的事情发生去触发该脚本程序,这个能触发程序的事情称为事件。如鼠标的移动、键盘上某键的敲击等都可以作为事件。Flash 中使用 on 函数命令监听按钮事件,将触发事件的命令语句放在 on 后面的括号内。常用的按钮事件命令语句如表 7-2 所示。

表 7-2 常用的按钮事件

Press	在按钮上按下鼠标按键时触发事件
Release	在按钮上单击鼠标且释放鼠标按键时触发事件(这是默认鼠标事件)
Release Outside	在按钮上按下鼠标,而在按钮外面释放鼠标时触发事件
Key Press	键盘上的指定按键被按下时触发事件
Roll Over	鼠标移动到按钮上时触发事件
Roll Out	鼠标从按钮上移出时触发事件
Drag Over	在按钮外部按下鼠标,鼠标拖到按钮上时,触发事件
Drag Out	在按钮上按住鼠标,鼠标从按钮上拖出时触发事件

任务三 对象的常用属性介绍

每个对象都有自己的属性。一个对象的特性可以通过定义它的属性来设置,下面以影片剪辑为例介绍对象的常用属性。

制作如图 7-10 所示的面板,在各文本框中输入不同数值,单击"确定",中间的图形即按照要求进行变化,步骤如下。

1)新建一个 Flash 文档,选择文档的类型为"Flash 文件(ActionScript 2.0)",单击确定。在"属性"面板上设置背景颜色,颜色代码设置为"#99CC99"。

2)单击菜单"文件"→"导入"→"导入到库"命令,导入一张图片到元件库中。如图 7-11 所示。

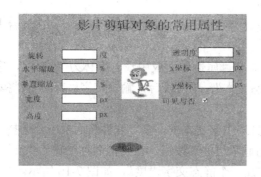

图 7-10　影片剪辑对象的常用属性　　　　　图 7-11　导入图片"猴"

3）单击菜单"插入"→"新建元件"命令，在弹出的对话框中，选择类型为"影片剪辑"，名称为"猴"，单击"确定"进入影片剪辑模式，从"库"面板中将"猴"拖到编辑区，返回"场景1"。

4）新建一个元件，选择元件的类型为"按钮"，单击"确定"按钮进入"按钮"编辑状态。单击"弹起"帧，从工具箱中选择"椭圆工具"，将笔触颜色设置为"无"，填充颜色代码设置为"#9966FF"，在编辑区绘制一个椭圆。

5）在"指针经过"帧插入关键帧，打开"颜色"面板，将椭圆的填充颜色设置为"#FFCC99"。分别在"按下"帧和"点击"帧插入关键帧。制作完成后的时间轴如图7-12所示。

6）单击时间轴面板中的"插入图层"按钮，插入一个新的图层。选择工具箱中的"文本工具"，在椭圆上输入文本"确定"。"按钮"如下图7-13所示，返回"场景1"。

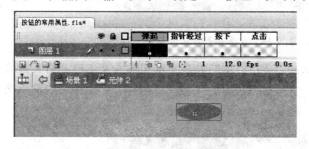

图 7-12　制作完成后的时间轴　　　　　图 7-13　"确定按钮"元件

7）从"库"面板中将影片剪辑"猴"拖到舞台中，并将其放置在舞台中央。选择"猴"影片剪辑，在其"属性"面板中将其"实例名称"改为"hou"，如图7-14所示。

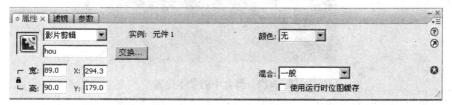

图 7-14　影片剪辑的实例名称改为"hou"

8）插入一个新的图层，单击工具箱中的"文本工具"，在其"属性"面板中将字体设置为"隶书"，字号为32，字体颜色设置为红色，对齐方式选择"居中"，在舞台上方输入文本"影片剪辑对象的常用属性"。

9）单击工具箱中的"文本工具"，在其"属性"面板中设置字体为"宋体"，字号20，字体颜色为红色，文本类型为"静态文本"，单击舞台，输入文字"旋转"，将其放置在舞台左侧位置。

10）再拖出一个文本框。用选择工具选中该文本框，在"属性"面板中，选择文本类型为"输入文本"，单击"在文本周围显示边框"按钮，在实例名称中输入"aa"，如图 7-15 所示。在输入文本框的后面再添加一个静态文字"度"，如图 7-16 所示。

图 7-15　输入文本框属性面板

图 7-16　文本在舞台中的位置

11）在舞台上依次添加如图 7-17 所示的静态文本和输入文本框，将其摆放整齐。分别将水平缩放、垂直缩放、宽度、高度、透明度、x 坐标、y 坐标后的输入文本框的实例名称依次定义为 ss、cs、kd、gd、tm、xzb、yzb。

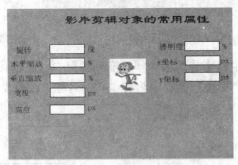

图 7-17　舞台中的文本位置

12）单击菜单"窗口"→"组件"命令，弹出"组件"面板，展开"User Interface"，选择"CheckBox"，如图 7-18 所示。双击该组件，或按住鼠标将其拖动到舞台上，在舞台上生成一个复选按钮，如图 7-19 所示。

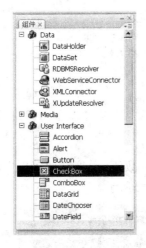

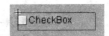

图 7-18 "组件"面板   图 7-19 复选按钮

13）单击菜单"窗口"→"属性"→"参数"命令，打开"参数"对话框。单击新建的复选按钮，在"参数"面板上设置实例名称为"kj1"，清空 label 内容，选择 selected 选项为 true，如图 7-20 所示。

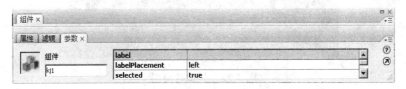

图 7-20 设置复选框的参数面板

14）在舞台上添加"可见与否"的静态文本，将其与复选框放置在如图 7-21 所示位置。

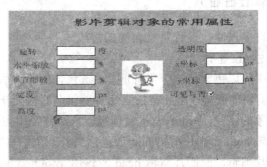

图 7-21 组件在舞台中的位置

15）从"库"面板中将"按钮元件"拖到舞台中来，选择"按钮元件"，按快捷键 F9 打开"动作-按钮"对话框，在右侧的动作编辑区直接输入以下脚本语句：

```
on(release){
    _root.hou._rotation=_root.aa.text;
    _root.hou._xscale=_root.ss.text;
    _root.hou._yscale=_root.cs.text;
```

```
        _root.hou._width=_root.kd.text;
        _root.hou._height=_root.gd.text;
        _root.hou._alpha=_root.tm.text;
        _root.hou._x=_root.xzb.text;
        _root.hou._y=_root.yzb.text;
        if (_root.kj1.selected==true)
          _root.hou._visible=true;
        else _root.hou._visible=false;
    }
```

16）测试影片，在各文本框中输入不同的数值后，单击"确定"按钮，中间的图片即按各文本框所给的数值进行设置，如图 7-22 所示。

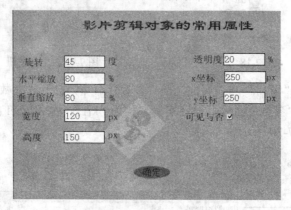

图 7-22　测试效果图

 相关知识

知识 1　设置对象属性的格式

每一个对象都有许多属性，设置对象属性的格式如下：

[路径].对象名.属性=设置值；

在一个影片剪辑中可以包含另一个影片剪辑，被包含的影片剪辑还可以含有其他的影片剪辑，形成影片剪辑的嵌套，因此在指定影片剪辑名时需要指定该影片剪辑所在的位置，即影片剪辑对象的路径，_root 表示最顶级，各级路径用点（.）分隔。例如在舞台中导入一个影片剪辑 hou，而影片剪辑 hou 还包括另外一个影片剪辑 head，则_root.hou 表示最顶级的这个影片剪辑，而影片剪辑 head 应该用_root.hou.head 指明其路径来进行引用。

如果要设置影片剪辑和按钮的属性，需要在"属性"面板中分别给出它们的实例名称，各实例名称不能相同。

知识 2　影片剪辑的常用属性

如表 7-3 所示为影片剪辑对象的常用属性。

表 7-3　影片剪辑对象的常用属性

_alpha	设置对象的 Alpha 值（透明度值），取值范围：0~100
_xscale	水平缩放比例，以百分比形式表示
_yscale	垂直缩放比例，以百分比形式表示
_visible	布尔型数据。指定影片剪辑实例是否显示，true 为显示，false 为隐藏
_height	影片剪辑实例的高度，以像素为单位
_width	影片剪辑实例的宽度，以像素为单位
_x	影片剪辑实例的 x 坐标值
_y	影片剪辑实例的 y 坐标值
_rotation	影片剪辑实例旋转的角度

任务四　跟随鼠标移动的五彩花瓣

本例通过 ActionScrip 语句制作五彩花瓣跟随鼠标的特效。

1）新建一个 Flash 文档，选择文档的类型为 "Flash 文件（ActionScript 2.0）"。

2）单击菜单 "插入" → "新建元件" 命令，弹出 "创建新元件" 对话框，输入名称为 "花朵"，选择元件类型为 "图形"，单击 "确定" 按钮，进入图形元件编辑状态。

3）选择工具箱中的 "椭圆工具"，将笔触颜色设置为 "无"，填充颜色设置为放射状渐变，其中左滑块的颜色代码为 "#F4542D"，右滑块的颜色代码为 "#FE56DD"，在编辑区绘制作如图 7-23 所示的椭圆。

4）选择工具箱中的 "任意变形工具"，将椭圆上中心小圆移动到椭圆的底部，执行菜单 "窗口" → "变形" 命令，弹出 "变形" 对话框，在旋转文本框中输入 72，连续四次单击 "复制并应用变形" 按钮，绘制如图 7-24 所示的花朵图形。选择所有图形，按快捷键 Ctrl+G 将其进行组合。

图 7-23　绘制椭圆　　　　图 7-24　花朵图形元件

5）单击菜单 "插入" → "新建元件" 命令，弹出 "创建新元件" 对话框，输入名称为 "五色花朵"，选择元件类型为 "影片剪辑"，单击 "确定" 按钮，进入影片剪辑元件编辑状态。

6）从 "库" 面板中将 "花朵" 图形元件拖入编辑区，在第 30 帧处插入关键帧。选择第 1 帧，打开 "属性" 面板，在 "补间" 下拉列表中选择 "动画"，在 "旋转" 下拉列表中选择"自动",如图 7-25 所示。播放动画即可看到花朵旋转的动画效果。

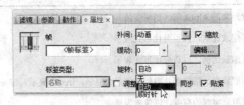

图 7-25　设置动画

7)新建元件,在"创建新元件"对话框中,输入名称为"旋转花朵",选择元件类型为"影片剪辑",单击"确定"按钮,进入影片剪辑元件编辑状态。

8)从"库"面板中将"五色花朵"影片剪辑元件拖入编辑区,分别在第 10 帧、第 20 帧、第 30 帧、第 40 帧、第 50 帧处插入关键帧。

9)单击第 10 帧,选择"五色花朵"影片剪辑,打开"属性"面板,在"颜色"下拉列表中选择"色调",出现 RGB 三个文本框,依次输入(255,0,0),如图 7-26 所示。

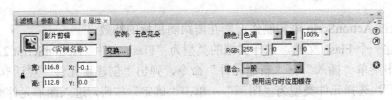

图 7-26　输入 RGB 值

10)方法同上,分别将第 20 帧、第 30 帧、第 40 帧、第 50 帧中的"五色花朵"的 RGB 值依次为(255,204,0)、(255,255,0)、(51,153,0)、(0,255,0)。

11)分别在第 1~10 帧之间、第 10~20 帧之间、第 20~30 帧之间、第 30~40 帧之间、第 40~50 帧之间创建补间动画,完成后的时间轴如图 7-27 所示。至此,"五色花朵"影片剪辑元件制作完毕。返回场景 1。

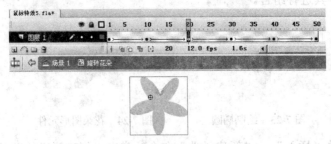

图 7-27　旋转花朵影片剪辑的时间轴

12)从"库"面板中将"旋转花朵"影片剪辑拖入舞台,在"属性"面板上将它的"实例名称"定义为"flower"。在第 3 帧处插入帧。

13)下面通过添加代码控制"旋转花朵"做跟随着鼠标移动的效果。

单击"插入图层"按钮，插入一个新的图层"图层 2"。右击"图层 2"第 1 帧，在快捷菜单中选择"动作"命令，打开"动作-帧"面板，在命令编辑区添加如下代码：

```
i=1;
maxlength=20;
_root.flower.startDrag(true);
_root.flower._visible=false;
```

14）右击"图层 2"第 2 帧，在弹出的快捷菜单中选择"插入空白关键帧"，打开"动作-帧"面板，在命令编辑区添加如下代码：

```
_root.flower.duplicateMovieClip("clip"+i,20-i);
setProperty("_root.clip"+i,_xscale,getProperty("_root.clip"+(i-1),
    _xscale)+i);
setProperty("_root.clip"+i,_yscale,getProperty("_root.clip"+(i-1),
    _yscale)+i);
setProperty("_root.clip"+i,_alpha,20-i*(20/30));
i=i+1;
```

15）在"图层 2"第 3 帧处插入空白关键帧，打开"动作-帧"面板，在命令编辑区添加如下代码：

```
if (i<maxlength)
    gotoAndPlay(2);
else gotoAndPlay(1);
```

动画制作完毕，按 Ctrl+Enter 观看动画效果。

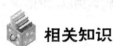 **相关知识**

知识 1　对象的方法

每个对象都有自己的属性和方法。一个对象的特性可以通过定义它的属性来设置，而方法是对象要执行的操作。方法的一般格式为：

路径.影片剪辑名.方法（参数）；

知识 2　startDrag

startDrag 是影片剪辑的一个方法，执行此方法后，影片剪辑将跟随鼠标运动。命令格式为：

路径.影片剪辑名.startDrag（锁定到中心，左坐标值，上坐标值，右坐标值，下坐标值）

或：

startDrag（路径.影片剪辑名，锁定到中心，左坐标值，上坐标值，右坐标值，下坐标值）

参数含义如下。

锁定到中心：为一个布尔值，只能取值 true 或 false。当它为 true 时，影片剪辑的中央锁定到鼠标上；当它为 false 时，用户首次单击该影片剪辑的点锁定到鼠标上。

左坐标值，上坐标值，右坐标值，下坐标值：给出影片剪辑可以跟随鼠标的范围，即在什么范围内影片剪辑开始跟随鼠标。

如果要停止影片剪辑的跟随，使用 stopDrag 命令，该命令没有参数，格式为：

stopDrag（）；

知识 3　duplicateMovieClip

该语句复制生成一个新的影片剪辑的实例。命令格式为：

路径.影片剪辑名.duplicateMovieClip（新影片剪辑名，叠放序号）；

或：

duplicateMovieClip（路径.影片剪辑名，新影片剪辑名，叠放序号）；

参数含义如下。

新影片剪辑名：给出新生成的影片剪辑名。在上例中影片剪辑名为"clip"+i，其中 i 为数值型变量，当 i=1 时，影片剪辑名为"clip1"；当 i=2 时，影片剪辑名为"clip2"，以此类推。

叠放序号：一般地，舞台上的对象有放置顺序，后制作的对象遮挡以前存在的对象。duplicateMovieClip 命令生成的影片剪辑，使用叠放序号决定他们的放置顺序，序号小的遮挡序号大的影片剪辑。在上例中的第 2 帧的语句 i=i+1，使每执行一次 i 增加 1，新影片剪辑的叠放序号为 20－i，则叠放序号依次减小，新生成的影片剪辑遮挡以前的影片剪辑。

知识 4　getProperty

返回影片剪辑指定的属性值。命令格式为：

getProperty（影片剪辑名，属性）；

例如：

```
getProperty（"_root.clip"+（i-1），_xscale）；
```

_xscale 的意思是水平缩放比率。如果当前 i 为 5，则返回影片剪辑"clip4"的水平缩放比率。

知识 5　setProperty

设置影片剪辑指定的属性值。命令格式为：

setProperty（影片剪辑名，属性，设定值）；

例如：

```
setProperty（"_root.clip5"，_xscale,20）；
```

将影片剪辑 clip5 的水平缩放比率设为 20%。而

```
setProperty("_root.clip"+i, _xscale,getProperty("_root.clip"+(i-1),
_xscale) +i)；
```

的含义为：如果当前 i 为 5，先取出"clip4"的水平缩放比率，加上 5，再将其赋值给"clip5"的水平缩放比率，结果是"clip5"比"clip4"放大了 5 个百分点。

```
setProperty("_root.clip"+i,_yscale,getProperty("_root.clip"+(i-1),
    _yscale)+i);
```

的作用是：每个影片剪辑的垂直缩放比率比上一个影片剪辑的垂直缩放比率大 i 个百分点。

随着 i 值的增加，表达式 20 - i*（20/30）的值将减小，则语句

```
setProperty("_root.clip"+i,_alpha,20-i*(20/30));
```

的作用是：随着 i 值的增加，设置每个影片剪辑的_alpha 值减小，即影片剪辑逐渐变淡。

知识 6 if···else 条件语句

测试一个条件，如果该条件成立则执行 if 后面的代码块，否则执行 else 后面的代码块。

例如：

```
if（i<maxlength）
        gotoAndPlay（2）；
else gotoAndPlay（1）；
```

在第 1 帧定义了 i=1，maxlength=20；在第 2 帧每执行一次，i 值加 1。在第 3 帧中进行判断，如果 i<maxlength，则跳到第 2 帧运行，否则 i>=20，跳到第 1 帧，重新定义 i 为 1。

任务五 电 子 表

制作如图 7-28 所示的电子表，表的时间为计算机时间，指针随时间而转动，在表盘下以数字形式动态地显示时间。

图 7-28 电子表

1）新建一个 Flash 文档，选择文档的类型为"Flash 文件（ActionScript 2.0）"。

2）使用"矩形工具"，按住 Shift 键在舞台上绘制一个正方形的表盘，调整表盘到舞台的中央。

3）插入一个新的图层，重新命名为"数字"，用文字工具制作 1～12 个数字，并分布排列在表的边缘，如图 7-29 所示。

4）执行菜单"插入"→"新建元件"命令，在弹出的"创建新元件"对话框中，输入名称为"P1"，选择元件类型为"影片剪辑"，单击"确定"按钮，进入影片剪辑元件编辑状态。选择"线条工具"，调整线条颜色为黑色，笔触高度为 3，画一条竖直线；然后使用"椭圆工具"在直线的顶部画出一个无填充的圆形，使图形成秒针形状，如图 7-30 所示。将直线的底部位置与定位点重合。

5）新建元件，选择元件类型为"影片剪辑"，名称为"P2"，单击"确定"。在影片剪辑编辑模式下画一个无边框的矩形，如图 7-31 所示，将矩形底部与定位点重合。

图 7-29　绘制一个方形的表盘　　　图 7-30　秒针　　　图 7-31　无边框的矩形

6）制作时针。返回工作区，新建一个图层，将图层更名为"时针"，从"库"面板中将 P2 影片剪辑拖到工作区中。适当调整对象的大小、位置，使对象底部的定位点与表盘中心重合，指向 12 点整，如图 7-32 所示。在属性面板上将其实例名称命名为"hour"。锁定"时针"图层。

7）用类似的方法制作分针。新建一个图层，将图层更名为"分针"，从"库"面板中拖动影片剪辑 P2 到工作区中。调整对象的大小，使分针比时针稍窄稍长一些，调整对象位置，使对象底部的定位点与表盘中心重合。在"属性"面板上将其实例名称命名为"minute"。锁定"分针"图层。

8）制作秒针。新建一个图层，将图层更名为"秒针"，从"库"面板中拖动影片剪辑 P1 到工作区中。调整对象的大小，使秒针比分针稍窄稍长一些；调整对象位置，使对象底部的定位点与表盘中心重合。在"属性"面板上将其实例名称命名为"second"。

由于时针、分针、秒针的位置重叠在一起，为了防止调整时的相互干扰，调整一个指针时，可以锁定或隐藏其他两个针的图层。

9）在表的中心画一个圆，表示表的固定螺丝。至此表盘的绘制工作已完成，如图 7-33 所示。

图 7-32　添加时针　　　　　图 7-33　绘制完后的表盘

10）插入一个新图层，重新命名为"文本"。选择"文本工具"，在表盘的下方绘制文本框，在"属性"面板中，设置文本类型为"动态文本"，实例名称为"aa"，该文本框用来动态显示系统的时间。

11）下面通过添加代码使表的指针旋转起来。右击秒针，在弹出的菜单中选择"动作"，打开"动作-影片剪辑"面板。在命令编辑区中添加如下代码：

```
onClipEvent (enterFrame){                    //进入帧时激活对象
    mydate=new Date ();                      //新建一个 Date 对象
    hour=mydate.getHours ();                 //获取小时数，并且赋于 hour
    minute=mydate.getMinutes ();             //获取分钟数，并且赋于 minute
    second=mydate.getSeconds ();             //获取秒数，并且赋于 second
    hourangle=hour*30+minute*0.5;            //计算时针应偏转的角度
    _root.hour._rotation=hourangle;          //使时针影片剪辑对象转过指定角度
    minuteangle=minute*6;                    //计算分针应偏转的角度
    _root.minute._rotation=minuteangle;      //使分针影片剪辑对象转过指定角度
    secondangle=second*6;                    //计算秒针应偏转的角度
    _root.second._rotation=secondangle;      //使秒针影片剪辑对象转过指定角度
    _root.aa.text=String (hour) +"时"+String (minute) +"分"+String
    (second) +"秒";                          //使动态文本框显示系统的时间
}
```

12）单击菜单中"控制"→"测试影片"命令，观看制作效果。

 相关知识

知识 1　Date（时间）对象

时间对象也必须用 new date（）命令建立，例如：

```
mydate=new Date ();
```

则 mydate 新建立了一个时间对象。时间对象的常用方法如表 7-4 所示。

表 7-4　时间对象的方法

方　法	说　明
getDate（）	返回当前的日期数，数值为 1～31
getDay（）	返回当前星期数，用 0～6 表示，0 代表星期一，1 代表星期二……以此类推
getFullYear（）	返回当前年份，例如 2002
getHours（）	返回当前小时数，数值为 0～23
getMonth（）	返回当前月份，0 代表一月，　1 代表二月，以此类推
getSeconds（）	返回当前秒数，数值为 0～59
getTime（）	返回距离 1970 年 1 月 1 日午夜的秒数

知识 2　onClipEvent （enterFrame）

Flash 中使用 onClipEvent 函数命令监听在该影片剪辑上发生的事件，如在影片剪辑上按下鼠标等。事件的命令语句放在 onClipEvent 后面的括号内。常用的影片剪辑事件的命令语句如表 7-5 所示，当发生指定的事件时，执行 onClipEvent 函数。

表 7-5   常用的影片剪辑事件

Load	影片剪辑被装载
EnterFrame	当影片剪辑播放每一帧时触发事件
Unload	当影片剪辑被卸载时触发事件
Mouse down	当鼠标左键按下时触发事件
Mouse up	当鼠标左键被松开时触发事件
Mouse move	当鼠标移动时触发事件
Key down	当键盘按键被按下时触发事件
Key up	当键盘按键被松开时触发事件
Data	在 loadVariables 或者 loadMovie 动作接收到数据的时候触发事件

知识 3   计算时、分、秒指针随时间变化转过的角度

秒针 1 秒钟转过 $6°$ 角，即秒针转过的角度=秒数×6。

分针 1 分钟转过 $6°$ 角，即分针转过的角度=分钟数×6。

时针 1 小时转过 $30°$ 角，1 分钟转过 $0.5°$ 角，即时针转过的角度=时钟数×30+分钟数×0.5

知识 4   String 函数

该函数将数值转换为字符串，例如 hour=12；minute=30；second=20；则
    String（hour）+"时"+String（minute）+"分"+String（second）+"秒"；
表达式的值为 "12 时 30 分 20 秒"。

综合动画制作

知识目标

◆ 场景的概念，新建、编辑和删除场景

技能目标

◆ 通过具体的应用实例，使用前面所
  学的知识，学会制作几个综合动画

通过前面几章的学习，我们已经掌握了制作 Flash 动画的各种技巧。一个情节复杂、表现丰富的动画作品几乎要用到所有的制作技巧，本章将在前面学习的基础上，综合所学知识，制作几个综合 Flash 作品。

在着手开始制作动画之前，首先要设计动画的情节。任何一个成功的 Flash 动画都有一个好的创意。策划动画的情节是动画作品最为关键的一环，一个好的创意就是成功的一半。动画情节设计既要新颖别致，引人入胜，还要注意合情合理，切勿不顾主题而一味追求怪异。当项目比较大需要多人合作时，应将项目合理地分成若干场景，并以书面形式描述出情节的动画效果，一般不规定实现此动画效果需要使用的具体方法，由具体制作人员选择设计方法，充分发挥每个制作人员的创作性。

设计完动画的情节后，再根据情节有目的地搜集素材。现在有很多专业网站可以提供大量的素材供人使用，如各种图片、照片、图标、GIF 动画等，只需将这些素材导入到自己的作品中，然后进行必要的编辑，就可以让它们为自己的作品服务了。

任务一　功到自然成

动画效果：在放射的光芒照耀下，一幅红色的画卷从舞台的左下角翻转到舞台的中央，两个画轴缓缓展开，打开一个横幅，上面书写 "功到自然成"，效果如图 8-1 所示。

图 8-1　"功到自然成" 效果图

本例包括五个图形元件（左画轴、右画轴、双画轴、画布、元件 1）和两个影片剪辑元件（单线，多线）。下面讲解这些元件及动画的具体制作步骤。

1. 新建 Flash 文档

设置文档属性，背景色为 "黑色"，其他默认，单击 "确定" 按钮。

2. 制作图形元件 "左画轴"

1）执行菜单 "插入" → "新建元件" 命令，弹出 "创建新元件" 对话框，输入名称为 "左画轴"，选择元件类型为 "图形"，如图 8-2 所示，单击 "确定" 按钮，进入图形元件编辑状态。

图 8-2　新建"左画轴"元件

2）单击工具箱中的"矩形工具"，在"颜色"面板中，将笔触颜色设为"无"，选择填充色，设置颜色类型为线性渐变，将线性渐变设置成如图 8-3 所示，其中左滑块的颜色为红色（#FF0000），右滑块的颜色为黑色（#000000）。用"矩形工具"在舞台上绘制一个矩形，画出画轴的主轴部分。单击"选择工具"，选中矩形，在矩形的"属性"面板中将"宽"设置为 30，"高"设置为 112。

3）使用"矩形工具"绘制一个同主画轴同等颜色的小矩形。使用"选择工具"选中小矩形，设置其高为 8，宽为 15。使用复制、粘贴命令再生成一个小矩形，拖曳其中的一个小矩形至主画轴的上边，形成画轴的上端。然后再拖曳另一个小矩形到画轴的下方，形成画轴的下端，效果如图 8-4 所示。

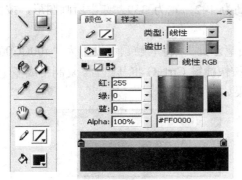

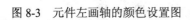

图 8-3　元件左画轴的颜色设置图　　　　　　　　　8-4　左画轴

4）使用"选择工具"选中所有的图形，执行菜单"修改"→"组合"命令或者按快捷键 Ctrl+G 将其组合，至此，"左画轴"制作完毕。

3. 制作图形元件"右画轴"

1）新建一个元件，名称为"右画轴"，选择元件类型为"图形"，单击"确定"按钮，进入元件编辑区。

2）按快捷键 Ctrl+L 打开"库"面板，把"左画轴"图形元件拖曳到编辑区。执行菜单"修改"→"变形"→"水平翻转"命令，使其水平翻转，至此，"右画轴"制作完毕，效果如图 8-5 所示。

4. 制作图形元件"双画轴"

1）新建一个元件，名称为"双画轴"，选择元件类型为"图形"，单击"确定"按钮，进入图形元件编辑模式。

2）按快捷键 Ctrl+L 打开"库"面板，然后将"左画轴"图形元件和"右画轴"图形元件从"库"面板中拖曳到编辑区，使用"选择工具"调整两个矩形的位置，形成两边亮、中间暗的双画轴效果，如图 8-6 所示。

图 8-5　右画轴　　　　　　　　　　图 8-6　双画轴

5. 制作图形元件"画布"

1）新建一个元件，名称为"画布"，选择元件类型为"图形"，单击"确定"按钮，进入图形元件编辑模式。

2）绘制一个画布。选择工具箱中的"矩形工具"，将笔触颜色设置为"无"，填充颜色为浅黄色，代码为"#FFCC33"，在编辑区绘制一个长方形。使用"选择工具"选中矩形，在"属性"面板中设置矩形的高为 142，宽为 359。选中所画图形，按快捷键 Ctrl+G 将其组合。

3）修饰画布。选择工具箱中的"铅笔工具"，将笔触颜色设置为"#00CC00"，绘制如图 8-7 所示的图形。选中所画图形，按快捷键 Ctrl+G 将其组合。复制生成多个图形，并将其整齐地排列在画布的上下方，效果如图 8-8 所示。

图 8-7　绘制的图形　　　　　　　　图 8-8　画布

4）单击工具箱中的"文本工具"，在其"属性"面板中设置字体为"黑体"，字号大小为 48，文本填充颜色为黑色，在矩形上输入"功到自然成"文本。调整位置使其在画布中间，如图 8-9 所示。

图 8-9　调整文本到画布中间

6. 制作图形元件"元件 1"

1）新建一个元件，名称为"元件 1"，选择元件的类型为"图形"，单击"确定"按钮，进入图形元件编辑模式。

2）单击工具箱中的"椭圆工具"，在其"属性"面板中设置笔触颜色为"无"，填充颜色代码为"#FF9900"，在编辑区绘制一个极扁的椭圆，形成一个两头尖的直线形状，如图 8-10 所示。

图 8-10　极扁的椭圆

7. 制作影片剪辑"单线"

影片剪辑效果为一条光线向右移动并逐渐消失。

1）新建一个元件，名称为"单线"，选择元件类型为"影片剪辑"，单击"确定"按钮进入影片剪辑元件编辑模式。

2）打开"库"面板，从"库"面板中将"元件 1"拖曳到编辑区，右击"图层 1"的第 25 帧，在弹出的快捷菜单中选择"插入关键帧"命令。

3）单击第 25 帧，选中舞台上的"元件 1"，将其向右平移一段距离，并将"元件 1"的"属性"面板中的 Alpha 值设为 0。

4）右击"图层 1"的第 1 帧，在弹出的快捷菜单中选择"创建补间动画"命令，在第 1 至第 25 帧创建补间动画。播放动画，即可看到单光线向右移动并逐渐消失的动画效果。

8. 制作影片剪辑"多线"

影片剪辑效果为多条光线向四周发散并逐渐消失。

1）新建一个元件，名称为"多线"，选择元件类型为"影片剪辑"，单击"确定"，进入"多线"影片剪辑元件编辑模式。

2）从"库"面板中将"单线"影片剪辑元件拖曳到编辑区。在"单线"的附近有一个小圆，为图形的旋转中心点。使用"任意变形工具"调整小圆到"单线"的左侧，如图 8-11 所示。

3）选择"单线"图形，执行菜单"窗口"→"变形"命令，弹出"变形"对话框，如图 8-12 所示。选择"旋转"选项，在"旋转"复选框中输入"10 度"，单击对话框窗口右下方的"复制并应用变形"按钮，新生成一条旋转了 10 度的"单线"。

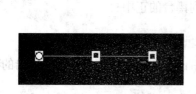

图 8-11　调整小圆到线条的左侧

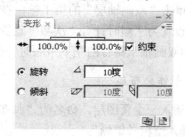

图 8-12　"变形"对话框设置

4）连续单击对话框窗口右下方的"复制并应用变形"按钮，生成如图 8-13 所示效果。

图 8-13　多线

至此，本例题所需的元件全部创建完毕，返回"场景 1"。

9. 制作双画轴层

1）双击"图层 1"，重新命名为"双画轴层"，选中第 1 帧，打开"库"面板，从"库"面板中将"双画轴"图形元件拖曳到舞台的左下角。

2）右击第 15 帧，在弹出的菜单中执行"插入关键帧"命令。选择第 15 帧中的"双画轴"对象，将其移动到舞台中。

3）单击菜单"窗口"→"对齐"命令，打开"对齐"面板，如图 8-14 所示，按下"相对于舞台"按钮，选中"双画轴"，依次单击"对齐"面板中的"水平中齐"和"垂直中齐"图标，将"双画轴"放置在舞台的正中央。

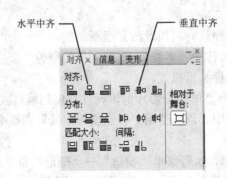

图 8-14　"对齐"面板

4）单击"双画轴层"的第 1 帧，在"属性"面板中将"补间"设置为"动画"，将"旋转"设置为"顺时针"，"次数"设置为 2，创建双画轴运动的补间动画。播放动画，即可看到双画轴从舞台的左下角顺时针翻转来到舞台的正中央。

10. 制作画布层

1）插入一个新图层，命名为"画布层"。右击该图层的第 15 帧，在弹出的菜单中选择"插入空白关键帧"。

2）选中"画布层"第 15 帧，打开"库"面板，从"库"面板中将"画布"图形元件拖曳到舞台，使用"对齐"面板调整画布到舞台的正中央。在第 60 帧右击，在弹出的菜单中执行"插入帧"命令，使画布连续显示到第 60 帧。

11. 制作画布逐渐展开的动画

1）插入一个新图层，命名为"画布遮罩"。在该图层的第 15 帧插入"空白关键帧"。

2）选择工具箱中的"矩形工具"，将笔触设置颜色为"无"，填充颜色设置为"白色"，在画布中间绘制一个和画布等高，宽度极窄的矩形，垂直放在"画布"中间，如图 8-15 所示。

3）右击"画布遮罩"图层的第 60 帧，在弹出的菜单中选择"插入关键帧"命令。使用"任意变形工具"将矩形的宽度调整到与画布同宽，使其覆盖整个画布。

4）选择第 15 帧至第 60 帧中的任意一帧，在"属性"面板上设置"补间"为"形状"，第 15 帧至第 60 帧形成矩形逐渐拉伸的动画，如图 8-16 所示。

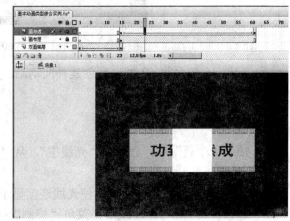

窄矩形

图 8-15　画布遮罩层第 15 帧中的矩形　　　　图 8-16　画布遮罩层动画

5）右击"画布遮罩"图层，在弹出的快捷菜单中选择"遮罩层"选项，使"画布遮罩层"成为"画布层"图层的遮罩层。播放动画，可以看到画布慢慢地从中间向两边逐渐展开。

12. 制作左右"画轴"的动画

左画轴随着画布的展开向左移动，右画轴随着画布的展开向右移动。

1）插入一个新图层，命名为"左画轴层"。在该图层的第 15 帧处插入"空白关键帧"，由于遮罩图层的作用，只在舞台的中间显示出一幅双画轴。

2）选择"左画轴层"的第 15 帧，从"库"面板中将"左画轴"图形元件拖曳到舞台中并与双画轴的左画轴重合。在"左画轴层"第 60 帧处插入关键帧，在该帧画布已经完全展开，将"左画轴"的位置调整到画布的左侧，如图 8-17 所示。

图 8-17　"左画轴"在第 60 帧处的位置

3）右击第 15 帧至第 60 帧中的任意一帧，在弹出的菜单中选择"创建补间动画"命令。播放动画，可以看到左画轴从中间向左展开的动画效果。

4）插入一个新图层，命名为"右画轴层"。在该图层的第 15 帧处插入"空白关键帧"。

5）选择"右画轴层"的第 15 帧，从"库"面板中将"右画轴"图形元件拖曳到舞台中并与双画轴的右画轴重合。在"右画轴层"的第 60 帧处插入关键帧，将"右画轴"平移到画布的右侧，如图 8-18 所示。

图 8-18 "右画轴"在第 60 帧处的位置

6）在第 15 帧至第 60 帧之间创建补间动画。播放动画可以看到两个画轴从中央向两边徐徐展开的动画效果。

13. 制作光线层

1）插入一个新图层，命名为"光线层"。从"库"面板中将"多线"影片剪辑拖曳到舞台正中央。

2）在第 60 帧处插入普通帧，使光线连续显示到第 60 帧。

3）按快捷键 Ctrl+Enter 或单击菜单"控制"→"测试影片"命令，测试动画效果。

任务二 原来如此

动画效果：运行该动画时，动画窗口被一个个小的矩形方块覆盖，方块的大小及透明度在缓慢地变化，隐约地显示出方块下面的一幅图像。当把鼠标放在动画窗口上时，我们发现随着鼠标的移动，小矩形方块逐渐消失，随之显示出底层的图片，使人发出"原来如此"的感叹。动画效果如图 8-19 所示。具体操作步骤如下：

图 8-19 "原来如此"动画效果图

1. 新建文档

新建一个 Flash 文档，文档类型选择"Flash 文件（ActionScript 2.0）"，大小为 400 像素×300 像素，背景颜色为白色，帧频为 10。

2. 制作图形元件"方块"

1）单击菜单"插入"→"新建元件"命令，弹出"新建元件"对话框，输入名称为"方块"，选择元件类型为"图形"，单击"确定"按钮，进入图形元件编辑模式。

2）选择工具箱中的"矩形工具"，将笔触颜色设置为"无"；选择填充色，设置颜色类型为放射状渐变，其中左滑块的颜色为红色（#FF0000），右滑块的颜色为黑色（#000000），如图 8-20 所示。用"矩形工具"绘制一个矩形，使用"选择工具"选中矩形，在矩形的"属性"面板中将宽设置为 40，高设置为 30，矩形效果如图 8-21 所示。

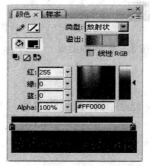

图 8-20　方块元件颜色设置　　　　图 8-21　方块

3. 制作影片剪辑"变幻方块"

1）新建元件，名称为"变幻方块"，元件类型为"影片剪辑"，单击"确定"按钮进入影片剪辑元件编辑模式。

2）单击"图层 1"第 1 帧，从"库"面板中将"方块"图形元件拖曳到编辑区，在第 20 帧处右击，在弹出的菜单中执行"插入关键帧"命令。同样在第 40 帧处也插入一个关键帧。

3）单击第 20 帧，选择"方块"图形，在其"属性"面板中把 Alpha 值设置为 50%，宽为 60，高为 45，设置参数如下图 8-22 所示。

图 8-22　第 20 帧"方块"图形参数设置

4）在第 1 帧至第 20 帧之间，第 20 帧至第 40 帧之间分别创建补间动画。至此，"变幻方块"影片剪辑制作完毕。

4. 制作按钮元件"方块按钮"

1）新建元件，名称为"方块按钮"，元件类型为"按钮"，单击"确定"进入按钮元件编辑模式。

2）单击"弹起"帧，从"库"面板中将"变幻方块"影片剪辑元件拖曳到编辑区。

3）右击"指针经过"帧，在弹出的菜单中选择"插入关键帧"，系统自动复制"弹起"帧的内容到"指针经过"帧，如图8-23所示。

图 8-23　"方块按钮"时间轴面板

5. 制作影片剪辑元件"方块2"

1）新建元件，输入名称为 "方块2"，选择元件类型为"影片剪辑"，单击"确定"按钮进入影片编辑模式。

2）单击"图层1"的第1帧，从"库"面板中将"方块按钮"元件拖曳到编辑区。分别在第2帧和第20帧处插入关键帧。

3）单击第20帧，选择"方块按钮"，在其"属性"面板中将Alpha值设置为0，右击第2帧至第20帧之间任意一帧，在弹出的菜单中选择"创建补间动画"命令，"图层1"的时间轴如图 8-24 所示。播放动画，即看到"方块 2"图形元件逐渐消失的动画效果。

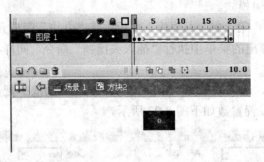

图 8-24　"方块2"时间轴

4）插入一个新图层"图层2"，单击"图层2"的第1帧，按F9键打开"动作"面板，在弹出的"动作-帧"面板中添加如下动作脚本语句：

```
stop ();
```

方法如上，在"图层2"的第20帧处添加同样的动作脚本语句：

```
stop ();
```

最后的时间轴如图8-25所示。

图 8-25 在第 1 帧和第 20 帧处添加 "stop（）" 语句后的时间轴

由于在第 1 帧加入 stop（）语句，当动画运行到此帧时将会暂停，显示按钮第 1 帧的图形（即 "弹起" 帧的图形）。按钮的第 2 帧（"鼠标经过" 帧）用于检测鼠标是否移动到按钮上，当鼠标移动到按钮上时，按钮检测到鼠标，跳到它自身的第 2 帧，同时在 "图层 1" 中播放头也移动到第 2 帧。从第 2 帧到第 20 帧开始播放动画，"方块 2" 图形元件逐渐消失。

至此，所需的元件制作完毕，返回 "场景 1"。

6. 导入背景图片

1）在 "场景 1" 中，单击 "图层 1" 的第 1 帧，执行菜单 "文件" → "导入" → "导入到舞台" 命令，导入一幅图像文件。

2）单击图片，在 "属性" 面板上将图片的宽度设置为 400 像素，高度设置为 300 像素，单击菜单 "窗口" → "对齐" 命令，弹出 "对齐" 面板，如图 8-26 所示，按下 "对齐" 选项卡中的 "相对于舞台" 按钮，依次单击 "水平中齐" 图标 和 "垂直中齐" 图标 ，使图片覆盖整个舞台。

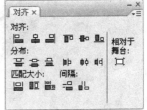

图 8-26 "对齐" 面板

7. 制作效果层

1）插入一个新图层 "图层 2"，从 "库" 面板中拖曳 10 个 "方块 2" 影片剪辑元件到舞台中，将其均匀地排列到舞台的最上面，打开 "对齐" 面板，同时选中 10 个 "方块 2"，保证 "相对于舞台" 按钮不被按下，单击 "对齐" 面板中的 "垂直中齐" 按钮，使 10 个 "方块 2" 水平对齐；单击 "水平居中分布" 按钮 ，使 10 个 "方块 2" 水平均匀分布。

2）选中这 10 个排列好的 "方块 2"，执行 "复制" 和 "粘贴到当前位置" 命令，再生成 10 个 "方块 2"。由于新生成的 10 个方块与原有的方块在同一个位置，屏幕上仍然显示 10 个方块，按住键盘中的向下方向键使新生成方块向下平移，放置在适当位置，这样舞台中就有两行方块。

3）重复以上操作，使 "方块 2" 排满整个舞台，如图 8-27 所示。

图 8-27 "方块 2" 在舞台中的排列

至此，动画制作完毕，按 Ctrl+Enter 或单击菜单"控制"→"测试影片"命令，测试动画效果。

任务三　Love卡

运行该动画时，在一幅漂亮图画的衬托下，逐渐显示出来"DO YOU LOVE ME？"字样，在画面的下面，显示"yes"和"no"两个按钮，如图 8-28 所示。当单击"yes"按钮时，出现一个不断跳动的心，如图 8-29 所示。而当鼠标靠近"no"按钮时，"no"按钮会跳到另一个位置，不让鼠标选中。如果鼠标连续跟踪"no"按钮，并偶尔单击上了"no"按钮，会出现一个逐渐破碎的心，画面如图 8-30 所示。

图 8-28　LOVE 卡界面

图 8-29　跳动的心

图 8-30　破碎的心

本例包括三个按钮元件（"yes"按钮，"no"按钮，"返回"按钮）和三个影片剪辑元件（舞动的蝴蝶，跳动的心，破碎的心），下面讲解这些元件及动画的制作步骤。

1. 新建文档

新建一个 Flash 文档，文档类型选择"Flash 文件（ActionScript 2.0）"，大小为550 像素×400 像素，背景颜色为（#CCFF33），其他默认。

2. 制作"yes"按钮元件

1）执行菜单"插入"→"新建元件"命令，输入名称为"yes"，选择元件类型为"按钮"，单击"确定"按钮进入按钮编辑模式。

2）单击"弹起"帧，选择工具箱中的"椭圆工具"，将笔触颜色设置为"无"，填充颜色代码设置为"#A2EA9C"，在编辑区绘制一个小椭圆。

3）单击工具箱中的"文本工具"，在其"属性"面
板上设置字体为"Verdana"，颜色代码为"#996600"，文
本类型为静态文本。单击编辑区并输入英文"yes"，将
"yes"移到椭圆的上面，如图8-31所示。

图8-31 "弹起"帧按钮状态

4）右击"指针经过"帧，选择快捷菜单中的"插入
关键帧"命令。使用"选择工具"选中椭圆上的"yes"文本，在"属性"面板上将字
体的颜色代码改为"#FF0066"。

5）右击"按下"帧，选择快捷菜单中的"插入关键帧"命令。将字体的颜色代码
改为"#FF0066"。

6）在"点击"帧插入关键帧。至此，"yes"按钮元件制作完毕，返回"场景1"。

3. 制作"no"按钮元件

1）新建元件，输入名称为"no"，选择元件类型为"按钮"，单击"确定"进入按
钮编辑状态。

2）单击"弹起"帧，选择工具箱中的"椭圆工具"，将笔触颜色设置为"无"，填
充颜色代码设置为"#A2EA9C"，在编辑区绘制一个椭圆。

3）单击工具箱中的"文本工具"，在其"属性"面板上设置字体为"Verdana"，颜
色代码为"#996600"，文本类型为静态文本。单击编辑区并输入文本"no"，将"no"
调整到椭圆的上面。

4）分别在"指针经过"帧、"按下"帧和"点击"帧插入关键帧。

5）单击"指针经过"帧，用"选择工具"选择椭圆上文本"no"，将其"属性"面
板上的字体的颜色代码改为"#FF6600"，返回"场景1"。

4. 制作"返回"按钮

1）新建元件，输入名称为"返回"，选择元件类型为"按钮"，单击"确定"按钮，
进入按钮编辑状态。

2）单击"弹起"帧，选择工具箱中的"文本工具"，将文本工具"属性"面板上的字
体设置为"楷体_GB2312"，颜色代码设置为"#006600"，字号为"23"，文本类型为"静
态文本"，在编辑区输入文字"返回"。至此，"返回"按钮制作完毕，返回"场景1"。

5. 制作"元件1"

"元件1"和下面的"元件2"用于制作"舞动的蝴蝶"。

1）新建元件，输入名称为"元件1"，选择元件类型为"图
形"，单击"确定"，进入图形编辑状态。

图8-32 椭圆

2）选择工具箱中的"椭圆工具"，将笔触颜色设置为
"#FFCC00"，笔触高度为"1"，填充颜色代码为"#009933"，在
编辑区绘制一个如图8-32所示的小椭圆，返回"场景1"。

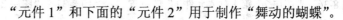

6. 制作"元件2"

图8-33　椭圆

1）新建元件，输入名称为"元件2"，选择类型为"图形"，单击"确定"按钮，进入图形编辑状态。

2）选择工具箱中的"椭圆工具"，将笔触颜色设置为"#FFCC00"，笔触高度为"1"，填充颜色的代码为"#FF6600"，在编辑区绘制如图8-33所示的椭圆，返回"场景1"。

7. 制作影片剪辑元件"舞动的蝴蝶"

1）新建元件，输入名称为"舞动的蝴蝶"，选择元件类型为"影片剪辑"，单击"确定"按钮，进入影片编辑模式。

2）单击"图层1"的第一帧，将"元件2"从"库"面板中拖到编辑区，使用工具箱中的"任意变形工具"，将"元件2"向左进行旋转，如图8-34所示。分别在第5帧和第10帧插入关键帧。

3）单击第5帧，选择"元件2"，单击工具箱中的"任意变形工具"，将其进行缩小和旋转，如图8-35所示。

图8-34　"图层1"第1帧"元件2"的形状　　　　图8-35　"图层1"第5帧"元件2"的形状

4）在第1帧至第5帧之间创建补间动画，在第5帧至第10帧之间创建补间动画，播放动画，即可看到一个翅膀飞的动画效果。

5）单击"图层"面板的"插入图层按钮"，新建"图层2"。单击第1帧，从"库"面板中拖入"元件1"到编辑区，位置如图8-36所示，分别在该图层的第5帧、第10帧处插入关键帧。

6）单击第5帧，选择工具箱中的"任意变形工具"，调整"元件1"的大小和位置，如图8-37所示。然后分别在第1帧至第5帧之间，第5帧至第10帧之间创建补间动画。播放动画，即可看到身体运动的动画效果。

图8-36　"图层2"第1帧"元件1"的位置　　　　图8-37　"图层2"第5帧"元件1"的位置

7）新建"图层3"，单击第1帧，从"库"面板中拖入"元件2"到编辑区，使用工具箱中的"任意变形工具"将其向右进行旋转，位置如图8-38所示。分别在该图层的第5帧、第10帧处插入关键帧。

8）单击第5帧，选择工具箱中的"任意变形工具"，调整"元件2"的大小和位置，如图8-39所示。然后分别在第1帧至第5帧之间，第5帧至第10帧之间创建补间动画。

播放动画，即可看到蝴蝶飞的动作效果。

图 8-38 "图层 3"第 1 帧"元件 2"的位置　　　图 8-39 "图层 3"第 5 帧"元件 2"的位置

至此"舞动的蝴蝶"的影片剪辑元件完成，返回"场景 1"。

8. 制作影片剪辑元件"跳动的心"

1）新建元件，输入名称为"跳动的心"，选择元件类型为"影片剪辑"，单击"确定"按钮进入影片编辑模式。

2）利用工具箱中的"线条工具"、"选择工具"和"填充工具"绘制如图 8-40 所示的心形。

3）在"图层 1"的第 5 帧、第 10 帧处分别插入关键帧。选中第 5 帧，选择工具箱中的"任意变形工具"，单击编辑区中的心形，按住 Shift 键用鼠标拖动心形一个角的控点，将心形进行等比例的缩小，如图 8-41 所示。至此，"跳动的心"影片剪辑元件制作完毕，返回"场景 1"。

 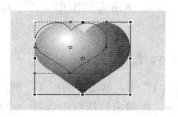

图 8-40 绘制心形　　　　　图 8-41 将心形等比例缩小

9. 制作影片剪辑元件"破碎的心"

1）双击"库"面板中的"跳动的心"影片剪辑元件，单击第 1 帧，选择心形并右击，在弹出的快捷菜单中执行"复制"命令。

2）新建元件，输入名称为"破碎的心"，选择元件类型为"影片剪辑"，单击"确定"进入影片编辑状态。

3）单击"图层 1"的第 1 帧，右击编辑区，在弹出的菜单中选择"粘贴"命令，粘贴"跳动的心"影片剪辑元件中的心形。在第 4 帧处插入关键帧，选择工具箱中的"套索工具"，单击套索工具选项中的"多边形模式"，在心形上画出半个心破碎的边缘，再使用"任意变形工具"将左半个心形向左微移并向左旋转，将右半个心形向右微移并向右旋转，形成如图 8-42 所示的图形。

4）在第 8 帧处插入关键帧，使用"任意变形工具"，分别将两个半心形向外旋转一定角度，效果如图 8-43 所示，在第 10 帧处插入关键帧。

图 8-42 第 4 帧心的形状   图 8-43 第 8 帧心的形状

5）在第 20 帧处插入空白关键帧，选择工具箱中的"文本工具"，在"属性"面板中将字体设为"楷体"，字体颜色设置为"红色"，输入"OH，NO，NO，NO !!!"文本。如图 8-44 所示。

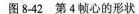

图 8-44 第 20 帧处文本位置

6）右击第 10 帧，在弹出的菜单中执行"创建补间形状"命令，建立由破碎的心形向字体的变化的形状渐变效果。

7）在第 30 帧处插入普通帧，使"OH，NO，NO，NO !!!"字样一直延续到第 30 帧。至此，"破碎的心"的影片剪辑元件制作完成。

到目前为止，本例所需的图形元件、按钮元件、影片剪辑元件完成。返回到"场景 1"。

10. 制作 Love 卡

1）在"场景 1"中，单击"图层 1"的第 1 帧，执行菜单"文件"→"导入"→"导入到舞台"命令，在弹出对话框中选择一个图形文件，单击"打开"按钮，将其导入到舞台，并调整大小和位置，使其正好覆盖整个舞台。在第 40 帧处插入普通帧，使背景图片延续到第 40 帧。

2）新建"图层 2"，单击第 1 帧，单击工具箱中的"文本工具"，在"属性"面板中将字体设置为"Verdana"，字体颜色代码为"#006633"，字号为 36，在舞台上输入文本"DO"。

3）依次在第 5、10、15、20 帧处插入关键帧，分别在相应帧输入文本"DO YOU"，"DO YOU LOVE"，"DO YOU LOVE ME"，"DO YOU LOVE ME? "，如图 8-45 所示。在第 40 帧处插入普通帧，使文字一直持续到第 40 帧。

4）新建"图层 3"，由于"图层 2"有 40 帧，则新建的"图层 3"自动添加普通帧到第 40 帧。在第 20 帧处插入空白关键帧，从"库"面板中分别将"yes"按钮，"no"按钮拖曳到舞台的下半部分的左、右两边，选中"yes"按钮元件，按 F9 键，在弹出的"动作-按钮"面板中添加如下动作脚本语句：

```
on (release) {
    nextFrame ();
}
```

（a）第 1 帧处的文字

（b）第 5 帧处的文字

（c）第 10 帧处的文字

（d）第 15 帧处的文字

（e）第 20 帧处的文字

图 8-45　"图层 2"第 1、5、10、15、20 帧处的文字

　　此段动作脚本的功能是：当在"yes"按钮上释放鼠标时，动画将跳到并停止在下一帧。由于该图层自动延续到第 40 帧，当在第 40 帧处按此按钮时，动画将跳到并停止在第 41 帧。

　　5）单击"no"按钮，在"动作-按钮"面板中添加如下动作脚本语句：

```
on (rollover) {
    no._x=random(250);
    no._y=random(250);
}
on (release) {
gotoAndStop(42);
}
```

　　此段动作脚本包含两个鼠标动作的检测——鼠标经过按钮 on（rollover）与鼠标在按钮上释放 on（release）：当鼠标经过按钮时，两个 random（250）函数给出两个 0～250 之间的随机数，将这两个随机数赋值给"no"按钮的 x 和 y 坐标，使"no"按钮移动到这个随机坐标上；当鼠标在按钮上释放时，动画跳到并停止在第 42 帧。

　　6）新建"图层 4"，单击第 20 帧，插入空白关键帧，把"舞动的蝴蝶"的影片剪辑元件拖曳到舞台左下侧，分别在第 25、30、40 帧处插入关键帧，然后依次调整元件在舞台中的位置，调出蝴蝶在舞台中飞行的路线。蝴蝶分别在第 20、25、30、40 帧处的位置如图 8-46 所示。

图 8-46　蝴蝶分别在第 20、25、30、40 帧处的位置

7）分别在第 20 帧至第 25 帧之间，第 25 帧至第 30 帧之间，第 30 帧至第 40 帧之间建立补间动画，播放动画，即可看到蝴蝶从舞台左下侧飞至"DO YOU LOVE ME？"文字右边的动画效果。

8）新建"图层 5"，在第 20 帧处插入关键帧，把"舞动的蝴蝶"的影片剪辑元件拖曳到舞台右下侧，同上分别在第 25、30、40 帧处插入关键帧，依次调整各关键帧的蝴蝶在舞台中的位置，在各关键帧之间建立补间动画，做出另一只蝴蝶从右下侧飞至文字左边的补间动画。

9）单击"图层 5"的第 40 帧，打开"动作"面板，在"动作-帧"面板中添加如下动作脚本语句：

```
stop();
```
使动画在第 40 帧处暂停。

图 8-47　第 41 帧文字位置

10）新建"图层 6"，在第 41 帧处插入关键帧，把"跳动的心"的影片剪辑元件从"库"面板中拖曳到舞台上。

11）选择工具箱中的"文本工具"，将其"属性"面板中的字体设置为"Verdana"，字体颜色代码设置为"#FF3333"，字号为 23，在心形下方输入"I LOVE YOU TOO"的字样，位置如图 8-47 所示。

12）将"返回"按钮元件拖曳到舞台右下方，选择"返回"按钮，按快捷键 F9，打开"动作-按钮"面板，给"按钮"添加如下动作脚本语句：

```
on (release) {
    gotoAndPlay(1);
}
```

13）单击第 42 帧，插入空白关键帧，将"破碎的心"的影片剪辑元件拖曳到舞台中，选择工具箱中的"文本工具"，并在元件下方输入"OH，NO!!!"文本。至此，整个 Love 卡制作完毕，时间轴面板如图 8-48 所示。按快捷键 Ctrl+Enter 或者单击菜单"控制"→"测试影片"命令，测试动画效果。

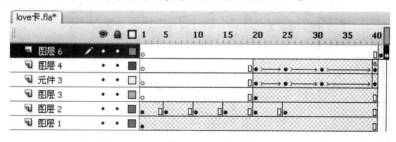

图 8-48 Love 卡时间轴面板

任务四 嫦娥奔月

本例应用了多个场景，我们先介绍场景的概念。

相关知识

知识 1 场景

场景就好像话剧中的一幕，一个 Flash 动画可以包含多个场景，播放时按场景的先后排列顺序进行。一般情况下，在简单的动画作品中，使用一个默认场景"场景 1"就可以了。但如果动画作品很复杂，全部放在一个场景里将会使这个场景里的帧数过长，不方便管理和编辑，这时可以将整个动画分成几个部分，按顺序分别放在不同的场景中，这样会使动画制作更加有条理，提高工作效率。单击窗口中的"编辑场景"图标，弹出所有的场景下拉菜单，如图 8-49 所示，即可选择当前的场景。

图 8-49 选择当前场景

知识 2 场景面板

管理场景的大部分操作都在"场景"面板上完成。单击菜单"窗口"→"其他面板"→"场景"命令，出现场景面板，如图 8-50 所示。图 8-50 中有三个场景，默认的名称是"场景 1"、"场景 2"、"场景 3"，场景的上下排列顺序就是动画播放的顺序，即先播放"场景 1"的动画，"场景 1"的动画播放完毕立即播放"场景 2"的动画，"场景 2"的动画播放完毕后播放"场景 3"的动画。面板右下角有三个按钮，分别是新建场景、删除场景和复制场景。

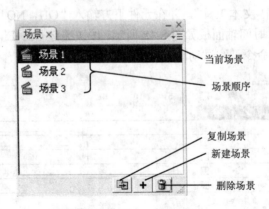

图 8-50 "场景"面板

知识 3 新建场景

可以使用以下两种方法新建场景。

方法一：单击"场景"面板中的某一个场景，单击面板底部的新建场景按钮 ，即可在当前场景下添加一个新场景，如图 8-51 所示。

方法二：单击菜单"插入"→"场景"命令，可新建一个新场景，如图 8-52 所示。新场景添加在当前场景的后面。

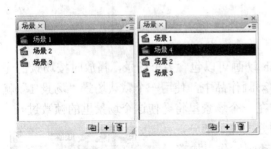

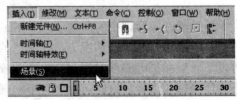

图 8-51 新建场景前后   图 8-52 使用菜单新建场景

知识 4 删除场景

选择要删除的场景，单击场景面板底部的删除按钮 🗑，弹出确认删除场景对话框，如图 8-53 所示，单击"确定"按钮，场景即被删除。

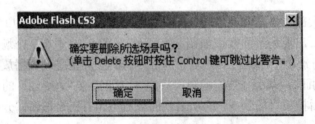

图 8-53 确认删除场景对话框

知识 5　编辑场景

（1）重命名场景

在"场景"面板上，双击要改名的场景后，场景名称处于编辑状态，如图 8-54 所示，输入新名称后，按 Enter 键即可。

（2）复制场景

选择要复制的场景，单击场景面板底部的复制场景按钮 ，在面板上即会出现一个名称相同的场景副本，如图 8-55 所示。

图 8-54　重命名场景　　　　　　图 8-55　场景复制

（3）调整场景顺序

各场景的播放顺序是从上到下依次进行的。在"场景"面板中可以调整场景的播放顺序，单击并拖动要移动的场景，放至相应的位置即可。

下面介绍"嫦娥奔月"的剧情组成。

本例的动画效果为月球探测卫星"嫦娥一号"开始发射、升至太空，然后绕月球飞行。整个 Flash 动画按照情节分为 3 个场景，每个场景包括的剧情如下。

1. 场景 1

本场景的动画效果是当按下"发射"按钮后，月球探测卫星"嫦娥一号"火箭发射升空，如图 8-56 所示。

图 8-56　场景 1 截图

2. 场景 2

本场景的动画效果是"嫦娥一号"火箭在太空中飞向月球，如图 8-57 所示。

图 8-57   场景 2 截图

3. 场景 3

本场景的动画效果是"嫦娥一号"火箭绕月旋转,如图 8-58 所示。

图 8-58   场景 3 截图

步骤 1   制作"场景 1"

动画效果为单击"发射"按钮,"嫦娥一号"火箭发射升空。

1. 新建 Flash 文档

新建一个 Flash 文档,文档类型选择"Flash 文件(ActionScript 2.0)",大小为 550 像素×400 像素,背景颜色为黑色,其他默认。

2. 制作图形元件"嫦娥一号"火箭

1)单击菜单"插入"→"新建元件"命令,在弹出的"创建新元件"对话框中,输入名称为"嫦娥一号",选择元件类型为"图形",单击"确定"按钮,进入元件编辑模式。

2)绘制火箭主体。选择"矩形工具",将笔触颜色设为"无",填充颜色类型为线性渐变,其中左滑块的颜色代码为"#DCDCDC",中间滑块的颜色代码为"#FFFFFF",右滑块的颜色代码为"#B7B7B7",如图 8-59 所示,在编辑区绘制一个如图 8-60 所示的矩形,作为火箭的主体部分。

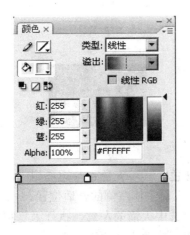

图 8-59　火箭主体部分颜色设置　　　　　　图 8-60　火箭的主体

3）绘制火箭的箭头。选择"多角星形工具"，单击其"属性"面板中的"选项"按钮，弹出"工具设置"对话框，选择样式为"多边形"，边数为"3"，如图 8-61 所示，单击"确定"按钮，使用 "多角星形工具"在编辑区绘制一个三角形，这样三角形和矩形的颜色设置是一样的。用"选择工具"将其移至矩形的上方。

4）绘制火箭的底座。选择"矩形工具"，将笔触颜色代码设置为"#9933CC"，笔触高度设置为 2，填充颜色设置为"无"，在编辑区绘制一个矩形。

5）选中矩形，单击"任意变形工具"，单击其下方的属性栏中的"扭曲"图标，拖住左上角的句柄平行向右移动，然后拖住右上角的句柄平行向左移动，形成梯形。

6）单击"选择工具"，分别单击梯形的上边和下边线条，在"属性"面板上将笔触颜色改为"#FCFCFC"，笔触高度改为 1，形状如图 8-62 所示。

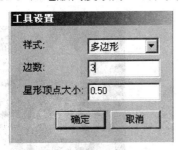

图 8-61　三角形边数设置　　　　　　图 8-62　梯形

7）选择"颜料桶工具"，给梯形填充颜色，其填充色与矩形相同。使用"选择工具"将梯形移至矩形的下方。

8）全选编辑区中的图形，单击菜单"修改"→"组合"命令，将图形进行组合。

9）绘制火箭的左翼。选择"矩形工具"，设置笔触颜色的代码为"#9933CC"，笔触高度设置为 2，填充颜色设置为"无"，在绘制区绘制一个矩形。

10）选择矩形，执行菜单"窗口"→"变形"命令，弹出"变形"对话框，在"变形"对话框中垂直倾斜-30 度，如图 8-63 所示，将矩形变形为如图 8-64 所示平行四边行。

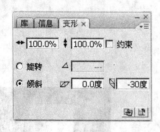

图 8-63　"变形"对话框　　　　　　图 8-64　四边形

11）选择"颜料桶工具"，给四边形填充颜色，其填充色也与矩形相同，选中四边形，按快捷键 Ctrl+G 将其组合。将四边形移至火箭主体左侧的合适位置。

12）制作火箭的右翼。单击"选择工具"，选中火箭的左翼，执行"复制"命令和"粘贴"命令，生成一个新的四边形，执行菜单"修改"→"变形"→"水平翻转"命令，将新四边形进行水平翻转；移动新四边形到火箭主体的右侧合适位置，如图 8-65 所示。

13）选择"线条工具"，按下线条属性栏内的对象绘制按钮，设置笔触颜色的代码为"#9933CC"，设置笔触高度为 2，在火箭主体与火箭头交接的地方及火箭的下方各绘制一条线段。使用"选择工具"拖动上边线段，使其略微向上弯曲，增强火箭的立体效果，至此火箭制作完毕。

14）选择"文本工具"，在文本工具"属性"面板中将字体设置为"宋体"，字号设置为 23，字体颜色设置为"红色"，对齐方式设置为"左对齐"，然后在火箭的主体部位写上"嫦娥一号"文字。至此"嫦娥一号"火箭制作完毕，如图 8-66 所示，返回"场景 1"。

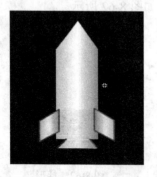

图 8-65　火箭左右翼的位置　　　　　图 8-66　"嫦娥一号"火箭

3. 制作图形元件"发射后的嫦娥一号"

1）新建元件，输入名称为"发射后的嫦娥一号"，选择元件类型为"图形"，单击"确定"按钮，进入元件编辑模式。

2）将"嫦娥一号"图形元件从"库"面板中拖曳到编辑区。

3）选择"椭圆工具"，将笔触颜色设置为"无"，设置填充颜色为放射状渐变，其中左滑块颜色代码为"#F0F028"，中间滑块颜色代码为"#F3723A"，右滑块颜色代码为"#FFFFFF"，如图 8-67 所示，用"椭圆工具"画一个椭圆，作为火箭发射后尾部火苗。

4）选择画好的椭圆，移至火箭的下端至合适的位置，如图 8-68 所示，至此"发射后的嫦娥一号"制作完毕，返回"场景 1"。

图 8-67　火箭尾部火苗颜色设置　　　　图 8-68　点火后的"嫦娥一号"

4."场景 1"的制作过程

1）单击第 1 帧，从"库"面板中将"嫦娥一号"图形元件拖曳至舞台，放在舞台的下方。从水平标尺和垂直标尺上各拖曳出四条辅助线，调整辅助线放在火箭的四周，如图 8-69 所示。

2）单击第 1 帧，按快捷键 F9 打开"动作-帧"属性面板，给第 1 帧添加如下动作语句：

```
stop();
```

3）在第 2 帧处插入空白关键帧，从"库"面板中将"发射后的嫦娥一号"图形元件拖曳至舞台中，放在如图 8-70 所示位置。

图 8-69　"嫦娥一号"在舞台中的位置　　　图 8-70　"发射后的嫦娥一号"在舞台中的位置

4）在第 25 帧"插入关键帧"，将"发射后的嫦娥一号"火箭移至舞台的上方，在第 2 帧至第 25 帧之间创建"补间动画"。做出火箭向上运动的动画效果。

5）新建一个"图层 2"，单击"图层 2"的第 1 帧，执行菜单"窗口"→"公用库"→"按钮"命令，打开"按钮公用库"对话框，选择按钮名称为"buttons bar"中的"bar brown"按钮元件，将其拖到舞台右下方，放置在合适位置。

6）双击按钮元件，进入按钮编辑状态，删除按钮中的文本。单击"文本工具"，在"属性"面板中将字体改为"隶书"，字体颜色设置为"黑色"，字号为 20，在按钮上输入"发射"字样，返回场景 1。

7）按快捷键 F9 打开"动作-帧"属性面板，给"发射"按钮元件添加如下的动作语句：

```
on (release) {
    gotoAndPlay (2);
}
```

8）在"图层2"的第2帧插入一个空白关键帧。

至此，"场景1"的动画制作完成了，执行菜单"控制"→"测试场景"命令可以看到场景1的动画效果。

步骤2　制作"场景2"

单击菜单"插入"→"场景"命令，新建"场景2"。"场景2"要完成的动画是"嫦娥一号"火箭逐渐消失在太空中。

1. 制作图形元件"星星"

1）新建元件，输入名称为"星星"，选择元件类型为"图形"，单击"确定"按钮，进入元件编辑区。

2）单击"多角星形工具"，设置笔触颜色为"无"，填充颜色为"白色"，单击"多角星形工具"属性面板中的"选项"按钮，打开"工具设置"对话框，在"样式"列表中选择"星形"，在"边数"列表中选择4，如图8-71所示，在编辑区绘制一个四角星形。

3）使用"选择工具"，调整四角星形的角度，效果如图8-72所示，至此，"星星"图形元件制作完毕，返回"场景2"。

图8-71　四角星形设置对话框

图8-72　星星图形

2. 制作影片剪辑元件"闪烁的星星"

1）新建元件，输入名称为"闪烁的星星"，选择元件类型为"影片剪辑"，单击"确定"按钮，进入影片剪辑编辑区。

2）单击第1帧，从"库"面板中将"星星"图形元件拖入编辑区，分别在第5帧、第10帧处"插入关键帧"。

3）单击第5帧，选中"星星"图形元件，将其"属性"面板中的Alpha值改为50%，然后执行菜单"修改"→"变形"→"缩放和旋转"命令，将其旋转45度。

4）方法同上，将第10帧中的"星星"图形元件的Alpha值改为0%，将其旋转90度。

5）分别在第1帧至第5帧之间，第5帧至第10帧之间建立补间动画。至此，"闪烁的星星"影片剪辑元件制作完毕，返回"场景2"。

3. "场景2" 的制作

1）单击 "图层1" 的第1帧，将 "发射后的嫦娥一号" 图形元件从 "库" 面板中拖到工作区，紧靠舞台的左下方。单击 "任意变形工具"，将 "图形" 元件进行缩小和旋转，形状位置如图8-73所示。

2）在第30帧处插入一个关键帧，用 "选择工具" 将图形元件移动至舞台的右上角，并将其Alpha值改为0%，在第1帧至第30帧之间建立补间动画，做出 "嫦娥一号" 火箭飞向太空并逐渐消失的动画。

3）新建 "图层2"，单击第1帧，从 "库" 面板中将 "闪烁的星星" 影片剪辑元件拖到舞台中来，使用 "变形工具" 将其进行缩放，并且复制多个，星星在太空中的分布如图8-74所示。

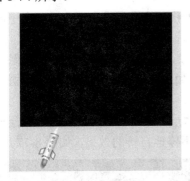

图8-73　"图层1" 第1帧元件的形状和位置　　　图8-74　星星在太空中的分布

4）在第10帧和第18帧处插入关键帧，分别调整第10帧和第18帧中星星的总数和位置，做出星星不断变化的动画效果。

5）新建 "图层3"，单击第1帧，选择 "椭圆工具"，将笔触颜色改为 "无"，选择填充色，设置颜色类型为放射状渐变，其中左滑块的颜色为白色，右滑块的颜色代码为 "#333333"。用 "椭圆工具" 在舞台的右上角画一个小圆，表示月亮。

6）在第30帧处插入关键帧，使用 "任意变形工具"，将其进行放大。在第1帧至第30帧之间创建补间动画，做出月球随着火箭的临近逐渐变大的效果。

至此，"场景2" 制作完成，执行菜单 "控制" → "测试场景" 命令可以看到场景2的动画效果。

步骤3　制作 "场景3"

执行菜单 "插入" → "场景" 命令，建立 "场景3"。"场景3" 完成的动画是：月球在自转的同时 "嫦娥一号" 火箭围绕着月球旋转。

1. 制作月球图片文件

首先从网络上搜索几张有关月球的图片，然后用绘图软件对这几张图片进行裁剪和拼接，最终效果如图8-75所示。

图 8-75　月球图片

2. 制作月球自转动画

1）单击"图层 1"的第 1 帧，单击菜单"文件"→"导入"→"导入到舞台"命令，将制作的月球图片文件导入到舞台。用"选择工具"移动图片，使图片的左端位于舞台中间位置。

2）在第 37 帧处插入关键帧，将图片向左进行平移，使图片的右端位于舞台中间位置。在第 1 帧至第 37 帧之间创建补间动画，创建图片由右向左移动的动画效果。

3）插入一个新的图层，单击"图层 2"的第 1 帧，选择"椭圆工具"，将笔触颜色设置为"无"，填充颜色为任意，用"椭圆工具"在如图 8-76 所示位置上画一个圆。调整第 37 帧图片的位置，使圆的右端接近于图片右端。

4）右击"图层 2"，在弹出的菜单中执行"遮罩层"命令，使"图层 2"图层成为"图层 1"图层的遮罩层。播放动画，可以看到月球不停地自转的效果，如图 8-77 所示。

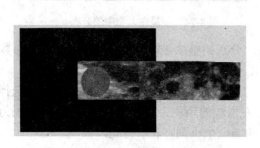

图 8-76　"图层 2"第 1 帧圆的位置

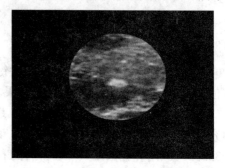

图 8-77　月球不停地自转

3. 制作"嫦娥一号"火箭围绕着月球旋转的动画

1）新建"图层 3"，单击"图层 3"的第 1 帧，将"发射后的嫦娥一号"图形元件从"库"面板中拖入到工作区，紧靠舞台的左下方。单击"任意变形工具"，将图形元件进行缩小和旋转，分别在第 15 帧和第 37 帧处插入关键帧。

2）单击第 15 帧，用"选择工具"将"发射后的嫦娥一号"图形元件移动到月球的下方，位置如图 8-78 所示，单击第 37 帧，将图形元件的位置略进行移动。在第 15 帧至第 37 帧之间建立运动渐变，同时将"属性"面板中的"调整到路径"、"同步"、"贴紧"三个选项选中。

3）单击第 37 帧，按快捷键 F9 打开"动作-帧"属性面板，添加如下的动作语句：

```
gotoAndPlay(15);
```

4）在"图层 3"上右击，在弹出的快捷菜单中选择"添加引导层"命令，增加一个引导层，在引导层的第 15 帧处插入一个空白关键帧，用"椭圆工具"画一个椭圆，擦除一小线段条，使其变为不封闭状态，如图 8-79 所示。

图 8-78　"图层 3"第 15 帧处火箭的位置

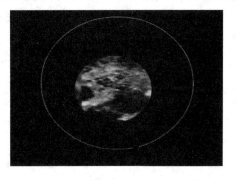

图 8-79　在引导层的第 15 帧画一个不封闭的椭圆

5）单击"图层 3"的第 15 帧，将"发射后的嫦娥一号"火箭图形元件移至椭圆的开始端，如图 8-80 所示；单击"图层 3"的第 37 帧，将火箭图形元件移至椭圆的结束端，如图 8-81 所示。

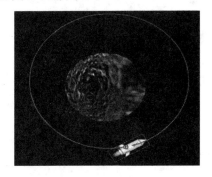

图 8-80　第 15 帧

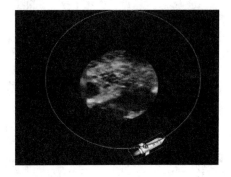

图 8-81　第 37 帧

6）执行菜单"控制"→"播放"命令，检查动画效果，可以看到火箭围绕着地球转。

4. 美化"场景 3"

1）新建"图层 5"，单击第 1 帧，从"库"面板中将"闪烁的星星"影片剪辑拖到舞台，调整大小并复制若干个，排列在月球四周，如图 8-82 所示。

图 8-82　"图层 5"的第 1 帧

2）分别在第 6、13、21、27、35 帧处插入关键帧，分别调整不同关键帧中星星的数量和位置，做出太空中星星不断变化的效果，以美化"场景3"。

此时，"嫦娥奔月"这个动画全部完成了，执行菜单"控制"→"测试影片"命令，可以观看整个动画效果。

参 考 文 献

史少飞. 2003. 计算机动画设计：Flash. 北京：高等教育出版社.

史少飞，李慧颖. 2007. 计算机动画设计：Flash 8（第二版）. 北京：高等教育出版社.

王阿芳，张越，陈宏坤. 2005. 二维动画制作. 北京：电子工业出版社.

参考文献